高效推进知识产权强国战略丛书

高价值专利创造和培育

国家知识产权局专利局专利审查协作广东中心◎组织编写
李憨乐　杨隆鑫◎编

知识产权出版社
全国百佳图书出版单位
—北京—

图书在版编目（CIP）数据

高价值专利创造和培育/李懋乐，杨隆鑫编. —北京：知识产权出版社，2022.9
ISBN 978-7-5130-8308-9

Ⅰ.①高… Ⅱ.①李… ②杨… Ⅲ.①专利—管理—研究—中国 Ⅳ.①G306.3

中国版本图书馆 CIP 数据核字（2022）第155668号

内容提要

本书从高价值专利的概念背景、基本含义、价值内涵出发，对高价值专利创造和培育的路径进行分析，并从专利战略规划、专利挖掘布局、专利申请确权、专利运用保护等方面探讨了路径中各环节的策略和方法，构建高价值专利创造和培育的体系。本书可用于开展高价值专利创造和培育工作的相关实践参考和学术研究。

责任编辑：李　潇　刘晓琳　　**责任校对：**王　岩
封面设计：杨杨工作室·张　冀　　**责任印制：**刘译文

高效推进知识产权强国战略丛书
高价值专利创造和培育
国家知识产权局专利局专利审查协作广东中心　组织编写
李懋乐　杨隆鑫　编

出版发行：知识产权出版社有限责任公司	**网　　址：**http://www.ipph.cn
社　　址：北京市海淀区气象路50号院	**邮　　编：**100081
责编电话：010-82000860转8133	**责编邮箱：**3275882@qq.com
发行电话：010-82000860转8101/8102	**发行传真：**010-82000893/82005070/82000270
印　　刷：三河市国英印务有限公司	**经　　销：**新华书店、各大网上书店及相关专业书店
开　　本：720mm×1000mm　1/16	**印　　张：**11.5
版　　次：2022年9月第1版	**印　　次：**2022年9月第1次印刷
字　　数：183千字	**定　　价：**89.00元

ISBN 978-7-5130-8308-9

高效推进知识产权强国战略丛书

编委会

《高价值专利创造和培育》分册

编写组成员： 李憨乐，主要执笔第一、三、四、五章
杨隆鑫，主要执笔第二、六、七章

审 稿 人 员： 曲新兴

总　序

在我国进入新发展阶段的时代背景下，知识产权作为国家发展战略性资源和国际竞争力核心要素的作用更加凸显。2018 年 4 月 10 日，国家主席习近平出席博鳌亚洲论坛 2018 年年会开幕式并发表主旨演讲，强调加强知识产权保护是完善产权保护制度最重要的内容，也是提高中国经济竞争力最大的激励。2020 年 11 月 30 日，习近平总书记在十九届中央政治局第二十五次集体学习时指出，知识产权保护工作关系国家治理体系和治理能力现代化，关系高质量发展，关系人民生活幸福，关系国家对外开放大局，关系国家安全。

我国的知识产权事业经过多年发展已经取得了长足进步，特别是党的十八大以来更是加速发展，日新月异，成绩喜人，但总体而言，如习近平总书记所指出，我国正在从知识产权引进大国向知识产权创造大国转变，知识产权工作正从追求数量向提高质量转变。新时代迫切需要大作为，以早日实现上述两个转变。

中共中央、国务院在 2021 年 9 月印发的《知识产权强国建设纲要（2021—2035 年）》（以下简称《纲要》），是以习近平同志为核心的党中央面向知识产权事业未来十五年发展作出的重大顶层设计，是新时代建设知识产权强国的宏伟蓝图，是我国知识产权事业发展的重大里程碑。建设知识产权强国是建设社会主义现代化强国的必然要求，是推进国家治理体系和治理能力现代化的内在需要，是推动高质量发展的迫切需要，是推动构建新发展格局的重要支撑。《纲要》明确了 6 个方面 18 项重点任务，其中将开发一批知识产权精品课程，开展干部知识产权学习教育作为“营造更加开放、更加积极、更有活力的知识产权人才发展环境”的重要一环。

国家知识产权局专利局专利审查协作广东中心（以下简称“审协广东中心”）是经中央编办批复，于2011年9月成立的具有独立法人资格的公益二类事业单位，隶属国家知识产权局专利局。受国家知识产权局专利局委托，审协广东中心主要履行发明专利审查和知识产权服务两大职能。成立以来，审协广东中心人员队伍不断壮大，现有员工近2 000名，审查员中研究生以上学历占比90%以上，已形成一支覆盖机械、电学、通信、医药、化学、光电、材料等各个专业技术领域的高素质人才队伍，为高质量专利审查和高水平创新服务提供了坚实的人才保障。截至2021年10月，审协广东中心秉持“保护创新，让创造更具价值”的使命和“开放、包容、务实、创新”的理念，累计完成了超过120万标准件发明专利的实质审查。2021年的年审查量占全国的六分之一左右，成为我国专利审查事业的一支依靠力量。此外，审协广东中心按照“立足广州、辐射华南、示范全国”的思路和追求积极开展知识产权服务工作，包括战略新兴产业导航预警、分类检测、重大项目咨询、助力科技攻关和“卡脖子”技术突破、知识产权培训等多方面知识产权服务，累计已完成数百个项目，取得丰硕成果和良好的社会效益。十年来，审协广东中心在知识产权服务方面已在华南地区乃至全国具有较大影响力。

作为规模和能力已经凸显的国家专利审查和知识产权综合性服务机构，审协广东中心有责任利用自身优势和资源在做好发明专利实质审查的同时服务区域经济，依托十年来结晶而成的智慧和经验开发一批知识产权精品课程，以利开展知识产权学习教育，增强全社会在新形势下做好知识产权工作的能力，为构建新发展格局做出有益贡献。

为此，审协广东中心遴选优秀的工作人员成立“高效推进知识产权强国战略”丛书专项工作组，并组成由中心领导班子成员牵头的编委会。工作组成员均具有较高的理论修养、丰富的实践经验以及贡献自身智慧和经验的热情，有的成员还是丛书中相关成功案例的直接参与者和重要贡献者。同时，各分册的内容均按照撰写加审稿的模式进行双重把关，以保障书籍内容的正确性和可靠性。该套丛书集审协广东中心智慧，按照“注重实效、重点突出、开阔思路、全球眼光”的原则，历时一年多，精心编撰而成。

在全国上下深入贯彻落实《纲要》的总体要求和重要部署的背景下，审协广东中心组织编写本套丛书可谓正当其时。丛书包括十个分册，分别从知识产权政策、高价值专利创造与培育、专利申请与布局、专利代理与服务、专利审查实践与专利权获取、专利文献检索、专利导航与预警分析、专利运营、专利技术转化和运用案例、知识产权保护与维权等方面对知识产权的创造、运用、保护、管理和服务等重要链条结合相关工作的最新进展进行了充分阐述，回答了如何培育高价值专利、如何对创新成果进行布局、如何从审查角度看专利代理、如何把握专利审查标准、如何进行专利文献检索、如何在产业上提前导航和预警、如何对成果进行运营和转换、如何护航创新主体"走出去"等重要问题。

本套丛书具有如下特点。一是坚持问题导向，丛书结合业界目前存在的不足给出有针对性的解决方案。二是坚持全面性原则，十个分册从不同方面涵盖了知识产权的创造、运用、保护、管理和服务等从创新到保护的全链条。三是坚持实用性原则，丛书紧扣实际案例，强化可参考性。四是坚持时效性原则，丛书将知识产权工作的最新进展纳入进来，以利于业界了解知识产权发展的最新动态。

本套丛书有助于全社会充分了解和认识知识产权在新时期的重要价值，有助于科技攻关、创新护航、政府管理和企业赋能，有助于进一步推进知识产权强国建设。期望本套丛书的出版能为来自政府、高等院校、研究机构、创新主体、知识产权服务机构等的管理、研究和从业人员提供有力参考，使得审协广东中心和业界共同谱写我国知识产权工作的辉煌新篇章。

在丛书编写过程中，工作组得到了国家知识产权局领导的热情鼓励，审协广东中心领导的大力支持和专项工作组同事的齐心付出是丛书得以问世的重要保障。知识产权出版社编辑同志精益求精的工作作风和严格把关的质量意识推动了丛书的高质量出版，在此一并表示衷心的感谢。

前言

近年来，随着新形势下中央对提高发展质量和效益的聚焦，提升知识产权质量和效益，支撑创新型经济发展，成为知识产权发展新时代的重要目标。2015 年出台的《国务院关于新形势下加快知识产权强国建设的若干意见》提到，要“提升知识产权附加值和国际影响力”，“实施专利质量提升工程，培育一批核心专利”，由此，实现由数量和速度向质量和效益的转变，激励创新主体创造出更多高价值专利，逐步成为创新发展共识，培育高价值专利，也成为越来越多创新主体的迫切需求。

国家知识产权局随即将培育高价值专利、提升专利质量作为重点工作部署落实，制定了《专利质量提升工程实施方案》，明确了以“高水平创造、高质量申请、高效率审查、高效益运用”为目标，多策并举、科学谋划各个环节的专利质量提升工作。做好核心专利培育，打造既有宽度又有厚度、既有高原又有高峰的新型专利结构，筑牢知识产权强国建设的根基，也正成为所有知识产权工作者的光荣使命担当和共同努力的方向。

本书结合笔者的工作实践以及在工作中的体会及思考，对高价值专利创造和培育的体系进行构建，对高价值专利创造和培育的路径进行分析，对路径中各环节的策略和方法进行梳理，以期为开展高价值专利创造和培育工作中的专利战略规划、专利挖掘布局、专利申请确权、专利运用保护等方面实践提供一些参考和指导，为高价值专利创造和培育这一系统工程的参与者提供一些思路和启发。本书共包括七个章节，第一章“高价值专利创造和培育概述”主要对高价值专利提出的背景和基本含义进行介绍，第二章“高价值专利创造和培育策略”从整体策略出发对培育思路和战略规划进行介绍，第三章至第六章分别从高价值专利创造和培育的创造环节、申请环节、审查环节以及运用环节展开，具体介绍各环节的策略，第七章“高价值专利创造和培育展望”则是对该项工作的总结思考以及展望和建议。

本书的编撰虽告一段落，然而对高价值专利创造和培育的探索却不能停驻。在知识产权发展新时代下，千千万万同行者仍在为共同助推创新动力和活力持续释放，为创造和培育高价值专利、支撑促进经济高质量发展贡献力量，相信我国的科技创新和知识产权事业发展必将在一代又一代奋斗者的努力开拓中持续迸发无限活力！

由于时间限制且水平有限，书中难免有疏漏和差错之处，恳请读者批评指正。

目 录

第一章

高价值专利创造和培育概述

第一节　高价值专利提出的背景

一、概念的产生

在 20 世纪末，当我国年发明专利申请受理量只有 1 万多件时，尚未出现高价值专利这一概念，那时我国要解决的是“有”的问题。进入 21 世纪，我国经济发展迅速，年发明专利申请量迅速从 30 万件、50 万件达到 100 万件，这一时期是我国专利数量积累、增长的时期。庞大的专利申请数量为我国知识产权强国建设奠定了良好的基础，成为我国拥有如今的知识产权国际影响力和国际地位的重要支撑。而事物的发展是量变和质变的统一，任何事物的发展都是从量变开始，当量变积累到一定程度，事物的主要矛盾运动形态发生了改变，就会进而引发质变。当前，我国专利申请进入由量变向质变转化的关键阶段。2017 年，我国发明专利申请量和授权量居世界第一，有效发明专利拥有量居世界第三，专利质量逐步成为关注点。如何有效引导我国专利从高数量向高质量顺利过渡和快速转变，通过专利数量合理适度增长和专利质量有效提升双头并进，推动我国由要素驱动发展转变为创新驱动发展，成为新的时代背景下加快知识产权强国建设的重要命题。高价值专利这一概念应运而生，它的提出正是量变积累到质变的必然结果，是适应加快知识产权强国建设新形势的要求，实际也与其他很多国家知识产权事业的发展过程类似。

二、政策体系

事实上，追本溯源不难发现，酝酿高价值专利这一概念并提出培育高价值专利这一目标，自我国2004年实施知识产权战略起，就在一项项政策的出台中逐步成型。

2004年1月，时任国务院副总理吴仪在全国专利工作会议上强调要大力推进实施知识产权战略。2008年6月5日，国务院发布《国家知识产权战略纲要》，知识产权战略首次上升为国家战略。这一时期，随着知识在经济社会发展中的作用越来越突出，我国认识到必须把知识产权战略作为国家重要战略，切实加强知识产权工作，实现知识产权的市场价值。

为深入贯彻落实《国家知识产权战略纲要》，国家知识产权局在2010年底发布《全国专利事业发展战略（2011—2020年）》，在战略重点和保障措施方面，明确提出了促进高等院校、科研院所有价值专利的运用，增强专利价值评估能力，积极引导市场主体重视专利价值挖掘。这时，我国知识产权事业发展对高价值专利的呼唤已初现端倪，深入实施知识产权战略奠定了我国推进高价值专利培育的基础。

2014年7月11日，李克强总理在会见世界知识产权组织总干事高锐时首次提出“努力建设知识产权强国”。大国的概念主要指向规模大、范围广、数量多，是与数量有关的概念，而强国的概念主要指向程度高、质量优、实力强、势力强，是与质量有关的概念①。由此可见，我国对知识产权事业的发展已经从以数量为标准进行衡量转向以质量为标准进行评估。随着早期高价值专利概念的提出，我国发布《深入实施国家知识产权战略行动计划（2014—2020年）》指出，要进一步提高知识产权拥有量，促进知识产权结构明显优化，大幅增加核心专利、知名品牌、版权精品和优良植物新品种。2015年，我国出台《国务院关于新形势下加快知识产权强国建设的若干意见》，提出了“实施专利质量提升工程，培育一批核心专利”的重要任务。由此，高价值专利培育正式开启了体系构建。

2016年，高价值专利这一概念进一步明确。12月底，国务院印发《“十三五”国家知识产权保护和运用规划》，在“提高知识产权质量效

---

① 俞文华. 知识产权强国评价体系研究［M］. 北京：知识产权出版社，2016：5.

益”这一重点工作中提出了“专利质量提升工程”，其中明确要“促进高质量创造和高价值专利实施”。国家知识产权局认真贯彻中央提出的新发展理念，切实落实党中央、国务院一系列重要文件决策部署，开始着力实施专利质量提升工程，明确提出要按照“高水平创造、高质量申请、高效率审查、高效益运用”的要求，进一步做好专利各个环节的质量保障和提升工作。

随着中国崛起为知识产权大国并向知识产权强国迈进，我国采取了一系列政策措施，充分发挥了知识产权制度的功能，旨在实现高质量发展，这也从根本上符合我国的最大利益和长远发展。

三、社会需求

在一系列政策出台的背后，复杂化、多元化的社会需求是主要的推动力，可以说这些政策其实也是社会各因素碰撞作用的产物。

1. 政府方面

改革开放后，中国经济迅速发展。2010 年，中国成为仅次于美国的世界第二大经济体。可由于多年的粗放扩张，使中国经济不平衡、不协调、不可持续的问题日益突出，党的十八大提出“把推动发展的立足点转到提高质量和效益上来”。党的十八届五中全会更是把“以提高发展质量和效益为中心”写进“十三五”时期我国发展的指导思想。

我国专利事业也经历着类似的发展历程。我国受理的发明专利年申请数量自 2000 年以来出现快速增长，从 2000 年的 5.17 万件到 2011 年的 52.6 万件，并连续五年居世界第一。然而，自 2001 年至 2015 年十五年间的海外专利申请量合计仅 21 万件，比美国 2015 年一年的海外专利申请量还要少。尽管申请人向国外申请专利、进行海外专利布局的意识在不断提升，但广度和深度不够。表 1－1 展示了 2011—2015 年中国国家知识产权局受理来自国内外专利申请的数量。

表 1－1　2011—2015 年中国国家知识产权局受理国内外专利申请的数量

年份	国内专利申请量				海外专利申请量				合计
	发明	实用新型	外观设计	合计	发明	实用新型	外观设计	合计	数量
2011	415829	581303	507538	1504670	110583	4164	13930	128677	1633347
2012	535313	734437	642401	1912151	117464	5853	15181	138498	2050649
2013	704936	885226	644398	2234560	120200	7136	15165	142501	2377061
2014	801135	861053	548428	2210616	127042	7458	16127	150627	2361243
2015	968251	1119714	551481	2639446	133613	7863	17578	159054	2798500

基于知识产权与经济发展、科技创新的融合不够紧密，对经济发展和产业结构升级的支撑促进作用未充分发挥的情况，全国知识产权系统全力贯彻落实中央决策部署，围绕“质量和效益”这一关键词着力推动我国由知识产权大国向知识产权强国转变。如今，知识产权强国建设实践已然说明，没有高价值核心专利和原始专利作支撑，知识产权强国建设就会成为无源之水、无本之木。

2. *产业方面*

供给侧结构性改革就是要通过去产能、去库存、去杠杆、降成本、补短板五项主要任务，激发创新供给，让创新力量得到盘活，创新动力得以增强，提升中国产业效率和国际竞争力。[①]

实际上，培育高价值专利也是供给侧结构性改革下提升创新质量的现实要求。从现状来看，在我国专利申请总量已经比较大的情况下，我们更需要把提升创新效益作为专利创造的目标，加快培育一批技术水平高、申请质量高、审查严格且市场空间广阔的高价值专利，建设一批高增长、高效益的高价值专利产业集群，更好地实现专利技术的创新价值、科技价值和商业价值，作为创新供给来支撑我国产业转型升级。

有研究报告显示，在 2008 年至 2010 年间，欧盟的知识产权密集型

---

① 欧阳慧，阳国亮，程晧．供给侧结构性改革与企业创新活力研究［J］．广西师范学院学报（哲学社会科学版），2016，37（5）：112－114.

产业创造了 GDP 的 40%、就业机会的 35%、出口额的 90%，知识产权密集型产业对经济强有力的支撑作用可见一斑①。我国近年来大力培育知识产权密集型产业，正是为了着力促进高价值专利技术与产业发展紧密结合，最大限度地提高知识产权密集型产业对经济增长的贡献。高价值专利需要在产业上下游产生影响，对产业发展起到推动作用，我们要针对产业开展高价值专利培育，形成专利密集型产业，从而实现对市场的牵引。

同时，产业发展也需要挖掘盘活我国现有的有效高价值专利，其往往更容易实现产业化应用并实现价值，如高校和科研机构存量有效专利的实施转化等。很多专家认为，高价值专利不仅可以为产业带来巨大的经济效益，也能带来很好的市场回报和市场前景，帮助产业做大做强。基于产业发展的诉求，越来越多地区开始研究建立高价值专利培育的政策制度支持体系，着力推动从产业中来、到产业中去的高价值专利的价值实现，强化高价值专利培育工作对产业的支撑和贡献的核心作用。

"创新成果专利化、知识产权产业化"，创新实现产权化并进一步实现产业化，是当前我国实现创新驱动发展战略、促进经济转型升级的关键和必由之路。我国处在由知识产权大国向知识产权强国迈进的关键发展阶段，知识产权工作要融入经济工作的主战场，更需打造产业发展的新动力和引擎，支撑产业结构转型升级，以培育高价值专利为切入点，引导和推动产业知识产权创造水平进一步提升。

3. 创新主体方面

创新主体主要涉及企业、高校和科研院所等。根据表 1－2 的数据显示，高价值专利培育的主力还是以企业为主，2015—2018 年企业获得中国专利金奖的获奖数为平均每年 15 项左右。知识产权既是企业的巨大财富，也能促进企业创新，让企业能够实现长远发展。

---

① 陈庆，陈锐，张世联．产业经济下知识产权密集型企业培育模式初探［J］．中国发明与专利，2016（11）：6－9．

表 1-2 中国专利金奖 2015—2018 年分布情况

创新主体		中国专利金奖获奖数量（项）			
		2015 年	2016 年	2017 年	2018 年
企业	国企	4	6	8	4
	私企	9	8	10	12
科研院所		1	2	0	3
高等学校		2	2	2	8
产学研合作		4	1	0	3
个人		0	1	0	0

实际上，高价值专利的概念，有助于引导社会公众从市场竞争的角度来看待专利和专利制度，分清专利和技术的不同。专利除了拥有技术属性，还拥有包括制度属性、资产属性、信息属性等多重属性，并不等同于技术①。专利制度属于市场竞争制度，在专利制度框架下，专利的价值一定程度上体现在技术竞争对手之间的市场“较量”，表现为专利对权利人贡献的市场竞争优势。从国家层面看，实施专利制度的目的主要在于促进创新驱动发展；从创新主体层面看，申请专利的目的则主要在于获取市场竞争优势。

企业要想“走出去”只有拿更高价值的专利与竞争对手相抗衡，这就是高价值专利的意义所在。② 高价值专利对于创新主体来说，既可以是铠甲或城墙，用于保护领地不被入侵；也可以是长矛或枪炮，用于攻城掠地，获取更大的利益。归结起来，最终目的是使创新主体拥有发展自身更强有力的武器，能获取更大的市场自主空间。高价值专利拥有技术创新难度高、权利稳定、专利产品的市场前景好、专利的技术竞争力强等特点。开展高价值专利培育、转化和产业化，提高了企业知识产权的创造、运用和管理能力，提高了企业的经济效益、社会效益、生态环境效益，同时加强高价值核心专利

① 韩秀成，雷怡. 培育高价值专利的理论与实践分析［J］. 中国发明与专利，2017（12）：9-10.

② 王康. 四川：以高价值专利激活创新因子［N］. 中国知识产权报，2017-06-14（004）.

的培育，以新技术促进供给体系质量的提升和发展。[①]

高价值专利的价值不仅体现在高回报方面，还体现在高附加值方面。高价值专利是创新主体优质的无形资产，注重创造和培育高价值专利能够推动创新主体主动建立知识产权风险管控，提前筛选技术创新点，避免技术迭代导致的专利无效或者专利价值丧失，为创新提供保障。高价值专利能够让创新主体在一定程度上摆脱同质竞争，对自主创新成果形成有效的保护壁垒，保护创新主体研发投入的意愿和积极性，为持续创新提供动力[②]。高价值专利还能够在创新主体开辟海外市场、提高产品溢价能力、形成产品定价权、知识产权质押融资等多方面发挥重要作用。对于今天的中国创新主体而言，创造和培育高价值专利已然成为打造和强化核心竞争力的关键所在，是自主创新能力和创新水平的重要体现。

第二节　高价值专利的基本含义

一、高价值专利的含义

1. 专利价值

（1）理解专利价值。

培育高价值专利，首先要从专利价值本身说起。专利权是知识产权的一种，属于无形财产权，与物权、债权等财产权相比具有其自身的特点。专利权的产生是基于发明人与社会之间订立的契约，在这种契约中，发明人以公开其发明创造作为对价，并接受一定的限制条件，换取社会承认其对专利技术的垄断。可见，专利权本质上是一种受限制的垄断权，其效力既有体现正面效力的垄断，又有体现负面效力的限制。其中，专利权的正

① 柳鹏，陈佶．湖北：高价值专利为区域经济注入“源头活水”［N］．中国知识产权报，2017－09－06（004）．

② 张旭波．多策并举悉心培育高价值专利［J］．唯实，2019（01）：67－70．

面效力决定了其基本价值，这种基本价值包括两个方面的内容：一是独占权，即只有专利权人享有实施其专利技术的权利；二是排他权，即专利权人享有禁止他人实施其专利技术的权利。

专利是国家赋予发明人排除他人在一定的期限内以商业方式利用其发明的权利，以此作为其公开发明的回报，从而使其他人可以从发明中受益。技术如没有专利保护，实施该技术依然可以产生价值，对社会的贡献依旧存在，只是收益不必然尽归技术持有人，部分收益可能被其他技术实施者夺走。而一旦技术有了专利保护，技术持有人（也是专利权人）有了法律授予的排他权，便能阻止他人实施其技术，确保相应收益归自己所有。最初，发明人申请专利的直接目的就是获得专利技术的独占权。换句话说，垄断性的实施权是专利价值的最直接反映。但是，随着专利运用的日益深入，专利价值更多的是通过排他权这种禁止性权利得以实现，这一权能与垄断性的实施权互为补充。专利的其他价值实际上都是专利基本价值的延伸。

在专利价值结构当中，专利权人提供专利技术作为价值基础，国家代表社会公众确认和保护专利权作为价值保障，专利权带来经济回报作为价值体现，最终使专利权人和社会获得双赢。单就专利权人而言，专利的经济价值根据外在表现形式可分为显性收益和隐性收益。在市场认可技术的前提下，专利权人基于垄断权垄断实施其专利技术、基于排他权禁止他人实施其专利技术（如维持市场占有率、设置技术壁垒、充当谈判筹码等）所获得的收益是最普遍的显性和隐性收益。如果技术没有价值，市场不认可，就算做好专利保护，这些专利也无法产生收益。除此以外，显性收益还包括专利转让费、许可费、侵权赔偿、质押和作价入股的金额等“看得见的现金流”；隐性收益还包括表现为商业品牌声誉、威慑竞争对手、形成技术标准以及因某些原因尚未应用专利技术而暂未兑现的潜在收益。

由此可见，专利的价值主要体现在发明人以公开其发明创造作为对价，接受一定的限制条件，换取社会承认其对专利技术的垄断，并通过专利保护获得较大的市场收益。此外，从经济层面来看，专利的价值还可以作为谈判筹码、发起侵权诉讼、进行转让许可及质押融资；从战略层面来看，则可以提高竞争门槛、构筑技术壁垒、保护核心技术、助力未来发展。

（2）传统专利估值。

在高价值专利概念提出之前，就已经有一些传统的专利价值估值方法，如成本法、市场法、收益法，这些方法和评判理念均来自资产评估，主要用于评估专利这种无形资产的价格。实际上我们在评判专利到底值多少钱的时候，做的工作是一种资产评估，因为专利是一种无形资产，因此属于资产评估的范畴。以下对三种典型的传统估值方法作简要介绍。

1）成本法。

成本法又称重置成本法，是以现行市价为基础，评估重新开发或购买类似专利技术所需要投入的成本，从而确定被评估的专利技术价值的一种评估方法。成本法的基本思路是重置原则，以重复专利技术开发过程中的投入作为重置成本，然后扣除其贬值因素来确定专利技术的价值。根据成本法的评估思路，如何确定专利技术的重置成本和损耗，是科学确定专利技术评估价值过程中最重要的工作。

在专利技术评估中，成本法是以成本摊销、价值保全以及价值补偿为主要目的的专利技术评估方法，这种方法多用在收益额无法预测和市场无法比较情况下的技术转让，它的准确性较高。但是这种方法的起始点是对一种专利技术商品重置成本的估算，其方法是考察历史成本及趋势，并折成现值表示出来这种方法没有考虑市场需求，没有考虑与专利技术相关的产品的市场及经济效益的信息，因此缺乏对影响专利技术商品价值的市场因素及效益因素的考察。此外，企业开发专利的目的是获取垄断利润，不会只以研发成本作为交易价格，所以用成本法获得的评估结果往往会低于专利技术的真实价值，可为专利许可或者转让的最低线提供参考。

2）市场法。

市场法又称市场价格比较法，是指以现行市场价格为标准，借用参照物的现行市场价格，经适当调整后，确定资产价格的一种评估方法。市场法是在资产评估项目的产权主体变动的假设下，被评估专利的交易或模拟交易符合公开市场条件的情况下，按照公开市场的价格形成机制和现行市场价格标准，借助可供比较的参照物，针对影响专利价格的各项因素，将被评估专利分别与参照物逐个进行比较并调整，再综合分析各项调整结果，确定被评估资产在评估基准点上的现行公允价值。

市场法需要市场上存在与被评估专利相似的专利技术，并且交易市场公开透明，能够获取专利历史交易信息，可以根据宏观经济和行业变化等因素调整价格。市场法的主要困难是专利的创造性决定了市场上可能不存在或仅有少量具备可比性的相似专利，同时交易动机和交易条件涉及商业机密，难以全面获取专利交易信息。然而，如果能够找到类似的历史专利价格，并有效利用，市场法评估的结果会具有很强的说服力。

3）收益法。

收益法，是指通过估算被评估资产未来的预期收益，并折算成现值，从而确定被评估资产价格的一种方法。收益法着眼于专利技术的未来收益，并将其折算成当前的现值，进而确定其当前价格。

由于专利技术需要与其他资产（如有形资产）有机结合才能创造收益，因此，在评估过程中专利技术本身带来的超额利润一般无法单独估算，通常采用以技术运作后企业的销售收入分成的收益进行评估测算，即预测专利技术未来收益可以通过预测整体性资产收益的途径得到。具体评估办法是估算被评估企业整体资产在未来的预期收益，即将企业未来经营中预计的主营业务收入还原为基准日的资本额，再通过技术分成方式得到专利技术的超额收益，并以适当的折现率或资本化率折现成基准日的现值，然后累加求和得到被评估专利技术的评估值。

收益法比较全面地考虑了影响收益的各种因素，能够较为真实、准确地反映本金化的价格，因此，采用这种方法评估比较容易被供求双方接受。但是收益法中参数的准确性直接决定了评估价格的准确性。

总的来说，成本法是计算获得专利权所需的费用，包括内部开发和外部获取专利所需的成本，主要依靠复制成本和重置成本进行计算。市场法是以市场上类似专利交易为基准来进行专利价值评估的方法。收益法是对目标专利的预计未来收入计算现值。由于每种方法都有其自身的特点和缺陷，因此，它们的应用场合也有所区别。

对于成本法而言，评估结果相对客观、一致，并且在历史成本数据可靠的前提下，其评估的价格可作为有效的参考。但专利的价格与成本支出并没有直接的联系，成本法忽视了专利本身有可能创造的收益，并且在评估中，公司的正常运营成本以及专利本身的投资成本可能难以区分，这给成本法的使用带来了困难。由此，成本法可以在重置成本能够合理预测时使用，通常在公司内部财务计算、申报公司税费时使用。

市场法利用以往实际价格作为参考评估专利交易价格，评估结果比较接近专利权交易价格，且评估方法具有多样性。但由于专利本身的属性（新颖性、创造性），使得市场上很难找到类似的专利交易，并且对于复杂的市场交易而言，很难区分哪些交易收益是专利带来的。因此，市场法适用的条件是市场上存在类似交易信息时，如果现实中缺乏此类信息，市场法可以作为其他方法的核对方法。市场法通常应用在公司的收购、兼并以及内部管理中。

收益法充分考虑了专利技术的未来收益，并以当前折现的方式评估专利价格，因此收益法在理论上优于上述两种方法，应用较广。但收益法需要确定的参数较多，难免会带入主观因素。相对而言，收益法较为广泛地应用于专利质押和专利许可中。

2. 高价值专利的内涵

高价值专利概念提出之后，业界对于专利价值的理解以及价值评估的实施更加深层次、丰富化及多元化。但高价值专利的含义，目前尚无权威定义，各种有关其内涵的观点有一定的趋同性。

各地知识产权主管部门牵头围绕区域高价值专利培育开展过诸多探索，代表性观点包括："高价值专利的核心主要体现在两个方面，首先其覆盖的是前沿技术，在领域内占领制高点；其次，在市场中能起到对产品技术的严密保护，从而让专利产品实现市场价值。""高价值专利是指战略性新兴产业、特色优势产业中，以企业为主体，整合各类创新资源，积极开展产学研服紧密协作创新，并将创新成果形成具有较强前瞻性、能够引领产业发展、有较高市场价值的高质量、高水准专利或者专利组合。""从属性上看，高价值专利表现为研发难度高、竞争力强。从技术角度来讲，高价值专利就是'一夫当关，万夫莫开'的专利，占住了易守难攻的关隘，尽显地利之势，其可能是基础性的技术入口专利，也可能是承接性的关键节点专利，还可能是前沿性的技术制高点专利。""高价值专利应具备创新水平高、权利状态稳定、市场竞争力强等特征，也就是说，一件高价值专利必须建立在较高水平的技术创新之上，保护范围适中、权利要求稳定，能够很好地保护发明创新成果。专利的经济性与市场紧密联系，由市场来衡量。对企业来说，能够为企业带来突出经济效益、有助于企业市场地位巩固，提升市场份额或者引领企业产业升级的专利就是高价值专利。”① 2021 年 10 月印发的《“十四五”国家知识产权保护和运用规划》中将高价值发明专利明确为符合“战略性新兴产业的发明专利、在海外有同族专利权的发明专利、维持年限超过 10 年的发明专利、实现较高质押融资金额的发明专利、获得国家科学技术奖、中国专利奖的发明专利”中任一条件的有效发明专利。归纳来说，核心要义的体现是市场竞争力强、市场价值高，从前端技术水平的角度来说，基础性技术、关键技术、前沿技术等高水平技术创新都可能产生高价值专利，从后端表现形式的角度来说，主要表现为专利保护范围适中、权利要求稳定，这些专利一般也是维持年限较长的专利。

很多研究专家也提出了高价值专利多维度的内涵。例如，何炼红指出“专利的价值应当结合特定历史条件来考察，体现为专利的客观属性对市场和社会公众所发生的效应和作用，以及市场和社会公众对它的评价和认可。高价值专利，从广义上说应包含着两个互相联系的方面：一是专利具有‘有益性’，其存在对于企业发展乃至一个地区、国家的经济社会发展有重要的作用或战略意义；二是专利具有‘有用性’，能带来高价值的增长预期和收益回报。高价值专利可以从技术、法律和市场三个维度进行评测。从技术维度来看，高价值专利就是‘占得住关隘’的专利。从法律维度来看，高价值专利就是‘经得起考验’的高质量专利，专利文件要经得起实质审查、无效宣告请求、侵权诉讼等一系列行政授权确权和民事诉讼程序的检验和推敲。从市场维度来看，高价值专利就是‘卖得出价钱’的专利，既可能是现在的市场溢价，也可能是未来的坐地收银，要立足于瞬息万变的市场进行动态估值。”② 马天旗将高价值专利分为狭义的高价值专

---

① 王宇，吴珂，张锋．江苏：探索“龙头企业＋优势学科＋高端服务”路径［N/OL］．中国知识产权报，(2017－05－24)［2021－07－05］．https：//www. cnipa. gov. cn/art/2017/5/24/art_651_47736. html.

② 何炼红．多维度看待高价值专利［N］．中国知识产权报，2017－06－02（006）．

利和广义的高价值专利，“狭义高价值专利是指具备高经济价值的专利，高经济价值成为高价值专利的充分条件。广义高价值专利则涵盖了高（潜在）市场价值和高战略价值专利。对于高市场价值或高战略价值，均需要以技术价值为基础、以法律价值为保障。此时，较高的技术价值和较高的法律价值是高价值专利的必要条件，而非充分条件，必须实现高市场价值和高战略价值，才最终成为高价值专利。”① 唐恒认为，“高价值专利应体现以下特性：第一，高价值专利培育首先要有创新技术的支撑，能够解决重要技术问题、取得较好的技术效果。第二，该专利能够有效进行产业化实施，应用实践性强。第三，市场控制范围宽广，专利在技术上的价值满足了市场的实际需求，基于专利的权利边界在市场上体现为市场份额。第四，专利权利保护力度较大，在技术上、法律上都呈现一定稳定性的专利。第五，该专利拥有一定的市场前景，并具有持续的成长性。”② 归纳来说，高价值专利至少包含技术价值高、法律价值高、经济（市场）价值高、战略价值高等方面。

而在创新主体眼中，高价值专利则有着更具体的显现。根据调研，腾讯公司认为：基本专利的价值要高于应用专利，标准专利的价值要高于普通专利。高价值专利常常基于广泛的市场影响力和商业成功，并具备高水平技术以及完备法律保障，技术是专利价值的基础，而市场影响是技术后面的零。华为公司将高价值专利分为两类：标准必要专利和杀手专利（杀手锏专利），其特点分别是：标准必要专利相对稳定，杀手专利更容易被无效；相比于标准必要专利，杀手专利价值的判断难度更大；对杀手专利价值的判断，主要是从商业的角度来考量。在海南椰国食品有限公司看来，高价值专利主要体现在两个方面：一是专利具有“意义性”，一件专利的存在对于企业生存发展乃至一个地区甚至国家的经济社会发展具有重要的作用或战略意义；二是专利具有“市场性”，倘若专利所涵盖的技术标准很高，但无法带来高价值的增长预期和收益回报，也无法完全称为高

① 马天旗. 高价值专利的评估和培育［M］. 北京：知识产权出版社，2018：1－2.

② 王宇，吴珂，张锋. 江苏：探索“龙头企业＋优势学科＋高端服务”路径［N/OL］. 中国知识产权报，（2017－05－24）［2021－07－05］. https：//www.cnipa.gov.cn/art/2017/5/24/art_651_47736.html.

价值专利。[①] 何炼红也曾在受访时提到，高校的科研成果如果在最初产出时能和市场进行有机结合，就能培养出高质量的科技成果，而高质量的科技成果通过法律的途径，使其成为法律状态稳定、科技含量高的高质量专利，并得以转化和运用，就是对高价值专利价值的生动诠释。

梳理以上观点不难发现，高价值专利具有被普遍认可的一些内涵，主要包括以下四个主要特征：一是“高”，即技术的研发创新难度高；二是“稳”，即专利的权利稳定；三是“好”，即专利产品的市场前景好；四是“强”，即专利的技术竞争力强[②]。此外值得关注的是，高价值专利应该是一个相对的概念，因事而异，因人而异，因地而异，因时而异，也就是说，价值与市场紧密相连，而市场的动态变化与事、人、地、时都存在着千丝万缕的联系。那么，高价值专利的价值如何去衡量呢，这是接下来要探讨的问题。

3. 专利的价值度

20 世纪 80 年代，Carpenter[③] 和 Narin[④] 等最早用引文数量表征专利价值和技术质量。Gay 和 Le Bas 认为专利引用科学文献的数量和发明质量呈正相关[⑤]。Carpenter 等[⑥]验证了具有重大技术进步的专利比随机挑选的专利被美国专利引用的平均次数高很多。基于这样的研究和验证可以看出，专利被引次数可以评价专利的技术重要性。以 Narin 为首的 CHI 公司研究人员验证了被引频次高的专利和专家眼中的重要技术专利之间的关系。他们调查柯达公司 1982—1983 年在美国专利商标局获得的 129 项专利发现，被

① 徐子航. 海南：搭乘高价值专利快车 驶入创新发展“春天里”［N］. 中国知识产权报，2017-06-21（003）.

② 苗文新. 高价值专利再多些［N］. 人民日报，2017-06-05（20）.

③ CARPENTER M，COOPER M，NARIN F. Linkage between Basic Research Literature and Patents［J］. Research Management，1980，23（2）：30-35.

④ NARIN F，NORM E，PERRY R. Patents as Indicators of Corporate Technological Strength［J］. Research Policy，1987（16）：143-155.

⑤ GAY C，LE BAS C. Uses Without too Many Abuses of Patent Citations or the Simple Economics of Patent Citations as a Measure of Value and Flows of Knowledge［J］. Economics of Innovation and New Technology，2005，14（5）：333-338.

⑥ CARPENTER M P，Narin F，Woolf P. Citation Rates to Technologically Important Patents［J］. World Patent Information，1981，3（4）：160-163.

引次数最高的专利是最具有价值的专利，也是最具有技术影响力的专利[①]。除了引用次数之外，同族专利数量多、权利要求保护范围宽、技术适用方案程度广、法律地位稳固程度强等都可以作为表征专利价值的要素。

国家知识产权局于2010年委托中国技术交易所组织专家开展专利权价值分析体系的研究和设计，并经过广泛的意见征求和吸收完善，形成了《专利价值分析指标体系操作手册》。该体系通过标准化统一度量单位——专利价值度（PVD），来表征专利自身价值大小[②]。2015年，中国技术交易所对其专利价值分析体系进行了全面修订，最终囊括了13项二级指标、43项三级指标，形成了一套更加科学、缜密的专利价值分析与评估的规范操作。

国家知识产权局专利局专利审查协作广东中心（以下简称审协广东中心）在此基础上对高价值专利的评价指标体系进行了专门研究，结合工作实际，提出了包含3个评估维度和30个二级指标的评价指标体系架构。该指标体系较全面地覆盖了专利价值度评估的主要要素，同时更好地兼顾了可操作性，被运用于审协广东中心高价值专利培育相关工作。该指标体系主要包括技术价值维度、法律价值维度和市场价值维度的要素，以下分别进行简要介绍。

（1）技术价值维度。

技术价值是发明专利申请被授予专利权的前提，即具有法律价值的前提；也是专利进行转化实施的基础，即实现市场价值的基础，是价值评估最基本的考虑因素之一。该维度包括以下主要指标。

1）所属技术领域。

根据相关技术领域所涉及的产业在经济活动中的地位、作用等判断其重要性，即根据相关技术是否涉及特别活跃、核心、尖端的经济命脉、支柱产业或对国民经济有重大意义的技术领域，或是一般性工农业技术领域，从而评估其是否与国家经济活动中的重要发展方向相契合。

---

① ALBERT M B, AVERY D, NARIN F, et al. Direct Validation of Citation Counts as Indicators of Industrially Important Patenta［J］. Research Policy, 1991, 20 (3): 251-259.

② 国家知识产权局专利管理司，中国技术交易所. 专利价值分析指标体系操作手册［M］. 北京：知识产权出版社，2012：45-48.

2）技术先进性。

技术先进性主要是指在技术价值评估时间点上，该技术与所在领域的其他技术相比所处的领先地位。主要表现为该技术所能解决的问题的重要性、技术手段的先进性和灵活性、技术效果的显著性和成效性。

3）创新高度。

根据相关技术解决的技术问题是否属于疑难或重要问题、获得的技术效果是否特别显著、采取的技术方案本身相对于现有技术作出了多大程度的改进、是否依赖于其他技术才可实施等方面来判断其技术创新高度，从而评估该技术的创新程度，或者其与现有技术之间差别的幅度。

4）技术适用范围。

技术适用范围主要是指该相关技术在实践中可以应用的行业范围以及产品范围。主要通过其说明书对技术问题的描述以及专利分类号来确定。

5）技术方案可替代性及可规避性。

技术方案的可替代性主要是指在当前时点存在的可以解决与该技术相同或类似问题的替代技术方案的多少。技术方案的可规避性是指从技术方案角度判断该技术可以被其他技术手段替代的难易程度，以及替代后是否能达到原技术效果，从而评估该技术方案被规避的难易程度。

6）技术成熟度。

技术成熟度是基于技术生命周期理论的一个概念，主要是指专利技术在评估时间点所处的生命周期发展阶段。技术所处的发展阶段大致可分为开发、试验、样品、成长和成熟阶段。

7）行业标准相关性。

根据技术方案是否已经写入行业标准或未来将要写入行业标准、技术方案涉及行业标准但暂不确定其是否能够写入行业标准、技术方案并未写入行业标准并且将来也不会写入行业标准或与行业标准无关等情况进行判断，评估该项申请的技术背景，判断其与行业技术标准的相关程度；不涉及行业标准的领域可不考虑该项因素。

8）配套技术依存度。

配套技术依存度主要是指专利技术依赖于其他技术应用到产品中实施的程度。一项技术应用于产品往往需要经过组合才能得到实施并且产品化。衡量配套技术依存度主要是结合现有技术发展情况，根据说明书中依赖于背景技术和技术方案的描述来确定。

9）技术力量投入度。

根据申请人和发明人数量和来源判断相关技术是否多方合作研发而成，根据该申请投入的人员规模、相关行业和企业是否为国家重点扶持行业和企业等因素，可评估投入技术力量的大小。

10）行业发展趋势。

行业发展趋势主要是指该技术所属的技术领域当前的发展方向。一般根据专利的 IPC 分类确定技术所处行业，然后从行业发展报告中确定行业的发展趋势。

（2）法律价值维度。

法律价值是专利在法律层面的客观价值，是对一项专利进行价值评估的主要内容之一。法律赋予专利的属性使其能够创造并显示价值，法律价值是专利技术价值以及市场价值的保障。该维度包括以下主要指标。

1）独立权利要求保护范围。

根据授权文本的独立权利要求主题名称、技术特征数量、适当概括、功能性限定、数值范围、非必要技术特征、并列技术方案判断其保护范围大小，独立权利要求的保护范围决定了专利权保护范围的大小。

2）授权权利要求保护力度。

从授权权利要求的总项数、独立权利要求项数、各权利要求的嵌套关系、内容扩展、关联等角度评估权利要求是否层次分明、体系完备，是否被充分挖掘，是否形成多角度的全面保护力度。

3）授权权利要求的主题类型。

根据授权文本的全部独立权利要求的主题名称判断其类型，包括方法和产品两类；产品权利要求相对于方法权利要求一般更易于在侵权判定过程中取证，方法及产品兼备的申请则具有相对更完备的保护体系。

4）授权权利要求的实施主体。

根据授权文本的独立权利要求包含的实施主体数进行判断，评估侵权认定的难易程度。如一个产品具有全部结构和功能或一个主体实施全部步骤的，属于“单方主体”；如果产品是由两个以上主体实施的，如多个器件组成的系统、多个主体配合分别实施步骤的，属于“多方主体”；有用户参与进行人为操作的，属于“包含用户行为”。单方主体实施通常比多方主体实施更易于确定侵权行为；如果包含由用户实施的行为，则更难以判定侵权行为的成立。本项主要标识了专利侵权可判定性，上述仅列出一个参考角度，可结合不同领域的实际情况进行判断。

5）专利布局情况。

根据进入不同国家的同族专利申请数量、同族专利是否获得授权、是否分案或被分案、优先权项数、是否是PCT申请、是否是PPH申请、是否是优先审查、是否是系列申请等方面综合判断专利的布局情况，同时，这也能够从侧面了解申请人对该申请的重视程度。

6）专利剩余保护时间。

专利剩余保护时间是指受法律保护的剩余期限和时间。专利的有效期越长，说明专利的潜在垄断时间越长，那么它就拥有越大的价值，但同时也应该考虑其经济寿命。

7）专利侵权可判定性。

专利侵权可判定性是指基于专利权利要求发现和判断存在侵权行为发生的难易程度。如果权利要求有能够明显识别他人侵犯该权利的特征，则说明该专利的专利侵权可判定性为容易判定。

8）稳定性。

稳定性是指一项被授权的专利在行使专利权过程中被宣告无效的可能性。在评价稳定性的过程中，需要考虑权利要求特征的多少、上位和下位专利的多少、可能涉及诉讼的情况等。一项专利的权利要求特征越多、上位和下位专利越明晰、同族专利与该专利具有的互相补充作用越好、专利稳定性越强，专利价值也越高。

9）独立性。

独立性是指专利的实施是否依赖于其他专利。基本专利一般是开拓性专利，具有较强独立性，价值较高；从属专利是在其他专利的基础上改进而成，其实施受制于基本专利，价值较低。

10）依赖性。

依赖性是指一项专利在实施过程中是否依赖于现有授权专利的许可，以及该专利是否作为后续专利申请的基础。依赖性越强，专利价值越低。

（3）市场价值维度。

市场价值，也称为经济价值，是对一项专利进行价值评估的重要考虑因素之一。虽然产品成功与否还与除专利以外的众多因素有关，但一项专利从市场或经济层面获得巨大价值，其价值体现和技术影响力是最为直接和显著的。该维度包括以下主要指标。

1）市场需求。

根据该技术对应的产品或服务在市场中的需求程度、对应领域中专利申请的密集程度、对应领域中专利运营活动的显著程度等判断和评估市场对于该技术的期望和需求状况以及市场对专利运营活动的需求程度。市场需求越大，专利价值越高；反之越低。

2）产业化前景。

根据技术方案是否已经产业化、所属领域产品转化难度及成本、市场上是否已有更好的或效果类似的产品、申请人自身是否具备产业化实力、是否存在垄断或支配性竞争对手等，判断技术方案是否能够应用到产业上转化为产品或服务以及转化难度，从而评估技术转化为产品并且走向市场的可行性。

3）市场走向。

根据行业对未来市场空间的预期、该技术是否与符合市场需要的产品相关联、该技术是否与逐渐退出市场的产品相关联、技术路线是否在与同类技术竞争中处于优势或弱势地位等评估该项技术对市场的驱动程度，判断该项技术进入产业后的市场走向。

4）市场应用范围。

根据该技术是否为通用型技术、是否为专用型技术、与该技术相关的产品所针对的消费对象及规模、相关产品当前的市场份额和销售规模等评估技术方案当前能够在市场上取得何种地位及其使用范围。

5）市场占有率。

市场占有率主要是指在充分的市场推广的基础上，该技术能够实现的市场占有份额。市场占有率为定量指标，可直接通过市场占有份额衡量。

6）申请人地位。

根据申请人在相关市场或领域中的地位、市场份额、竞争力等，判断和评估申请人将该项技术转化为产业的能力、申请人的市场占有程度及市场竞争力。

7）竞争情况。

竞争情况主要是指在同一市场上与该技术形成竞争关系的竞争对手的规模。可以参考公司的总体营业额进行比较和衡量。一般可以按照竞争对手的数量和实力将该指标划分为："从来没有""几乎没有""竞争对手弱""竞争对手一般""竞争对手强"和"竞争对手很强"。

8）政策适应性。

政策适应性主要是指相关技术与国家和地方政府出台的一系列鼓励和扶持政策的配合程度。一般高新技术产业政策适应性比较强。政策适应性可以划分为："政策鼓励""政策推动""政策允许""无明确政策限制""政策限制"和"政策不允许"。

9）投入成本。

投入成本是指在技术研发过程中，投入的人力、材料、资本等成本，为定量指标，可以直接衡量。技术的实施需要资金的保证，实施一项技术需要的初始投资额越大说明行业的进入壁垒越高，因此会影响技术在市场中的供求关系，从而影响其价值。

10）市场接受度。

市场接受度是指技术转化为商品、形成产业在市场中运营的能力。这与技术成熟度有关系，技术越成熟，市场化能力越强，价值越大。

二、相关概念辨析

1. 高价值专利与基本专利的异同

基本的含义之一是事物发展的根本或起点，基本专利即包含基本技术的专利。所谓的基本技术就是一个技术思想最源头的部分。基本专利往往产生于重大科学发现和科学理论产生之后向应用技术转化的阶段，属于具备专利形式的重大技术发明[①]。基本专利在技术路线图中表现为相关技术首次出现时的代表专利，一般为某条技术演进路线的起点，有时也称作核心专利，从技术角度来看是很难绕开的专利。从专利价值的角度来看，基本专利最主要的特征为在某一阶段和特定领域内，技术水平上具有先进性与不可替代性，技术影响力上具有持续性，并能带来可观的市场价值与经济收益。由于技术思想先进并具有开创性，结合专利制度对创新的天然激励作用，基本专利往往会带动本领域技术迅速发展。如以基本专利为基础进行改良的改进型专利，就是一系列在技术上提升的新专利技术，也可以称为外围专利。鉴于专利的专有性，拥有基本专利往往代表着扼住了某项技术的源头，具有较强的战略意义。由于基本专利保护范围大，具有较高含金量，在某一技术领域中处于关键地位，有时基本专利构成企业的核心竞争力，被后续技术引用发展。因此，基本专利与高价值专利最大的差异还是在于技术上的先进性，基本专利是行业内技术发展的基石或者说标准，一般来说都应是高价值专利；而高价值专利，除包含基本专利外，绝大部分都是从基本专利上演化得到的，突出的是其技术上的进步。

2. 高价值专利与重要专利的异同[②]

重要专利是个相对概念，更多地表达了不同使用者基于不同目的对重要专利判断标准的差异化认知。即使具有相同的判断标准，由于方法和指标的差异，也会导致重要专利的筛选结果存在显著的不同。一般认为，重要专利是指至少能满足下列条件之一的专利技术：在本领域某项技术上具有一定的开创性或取得重要突破；能够产生实际或潜在经济价值，得到行业认可或关注；研发投入大、受重视程度高。目前，对重要专利的主要判断因素包括：被引频次、时间属性、国别属性、同族专利数量等。虽然判断重要专利与高价值专利都会从技术方面进行考虑，但是判断重要专利考

---

① 杨中楷，徐梦真，韩爽. 基础性专利的几个基本问题［J］. 科学学与科学技术管理，2014（7）：3－5.

② 赵艳辉，李宏利，殷朝晖. 重要专利的筛选与分析［G］. 2015年中华全国专利代理人协会年会第六届知识产权论坛论文集，2015.

虑的因素更多，而且最主要的是考虑一项专利在领域内的技术地位，也就是说，在本领域的技术发展中占有举足轻重的地位。从满足条件来说，高价值专利至少能满足产生实际或潜在经济价值这一条件，因此必然高价值专利是重要专利；而重要专利可能仅是对于创新主体来说具有重要战略意义的专利，不一定是高价值专利。因此，重要专利包含高价值专利。

3. 高价值专利与高质量专利的异同

Graf 认为专利质量是指专利在何种程度上符合法定的可专利条件，即客体条件、新颖性、非显而易见性和实用性条件以及适法的说明及实现方式①。刘运华认为专利质量是指专利权人对经专利行政部门审查授权的符合法定授权要件的专利权行使排他性的程度②。Thomas 认为有质量的专利是指法律上能可靠实施的专利，即能应对有效性挑战，并且可以作为技术转移的有效专利③。朱雪忠等认为，专利质量是专利技术对使用者形成竞争力的重要程度，是一个以法律有效性为底线，以专利技术的先进性为核心，体现专利经济价值的相对概念④。归纳来说，专利的高质量主要受技术属性和法律属性影响，更多强调高技术价值和高法律价值的表征。

针对高质量专利的研究，目前识别方法可归纳为以下三类：第一，基于专家经验的识别方法，该方法主要通过领域专家逐条查阅专利完成，尽管领域专家识别准确率较高，但也存在主观性带来的问题，且面对海量专利时该方法实操性较差，为此提出基于客观数据的筛选方法从而降低识别过程的复杂性和主观性；第二，基于专利信息的指标识别方法，如专利号数量、被引频次、权利要求项、同族专利大小、专利诉讼等指标；第三，其他的识别方法，专利组合分析法（Grimaldi 等）、自组织映射神经网络与支持向量机混合模型（Chang 等）和过程管理对高质量专利进行识别（刘洋等）。以上识别方法均未将专利带来的经济及社会效益考虑在内，主要

---

① GRAF S W. Improving Patent Quality Through Identification of Relevant Prior Art：Approaches to Increase Information Flow to the Patent Office［J］. Lewis & Clark Law Review，2007（11）：495－519.

② 刘运华. 专利质量阐释及提升策略探讨［J］. 知识产权，2015（9）：79－83.

③ THOMAS J. The Responsibility of the Rule Maker：Comparative Approaches to Patent Administration Reform［J］. Berkeley Tech. L. J.，2002（17）：727.

④ 朱雪忠，万小丽. 竞争力视角下的专利质量界定［J］. 知识产权，2009（7）：12－13.

是针对技术层面高质量专利的识别[①]。

而高质量专利与高价值专利并不等同，二者的最主要区别在于经济价值方面，因为价值的显现最终是通过经济及社会效益直观呈现出来的。高质量专利基于高水平研发而产生，结合专利文本在形式上与实体上做好完善规划，形式包含申请前未自行公开、发明人和申请人符合资格、各类文件齐备等；实体则包含技术充分公开、稳定性强、权利要求撰写得当等。而高质量专利能否成为高价值专利，则还需经过市场的检验。能经得起审查和诉讼程序的高质量专利是高价值专利，能获得优异市场反响并产生可观经济效益的高质量专利是高价值专利，能有效保护核心技术及产品且风险较低的高质量专利是高价值专利，能为企业产生垄断或防御作用的高质量专利也是高价值专利。

图 1－1 展示出基本专利、重要专利、高质量专利与高价值专利的关系。

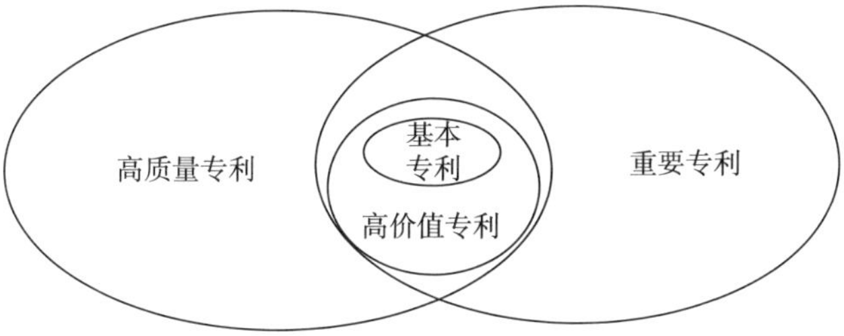

图 1－1　几种专利的关系图

① 吴菲菲，米兰，黄鲁成．关于标准必要专利与高质量专利关系的研究［J］．科学学与科学技术管理，2018，39（09）：87－100．

第二章

高价值专利创造和培育策略

第一节　高价值专利创造和培育基本思路

一、国内模式

1. 多主体协作

高价值专利的内涵丰富，其不同要素特征的体现与不同的主体作用密切相关，如技术先进性和创新高度主要依赖于创新主体的研发能力，权利要求的保护范围和稳定性则与代理机构和审查机构的专业水平紧密相关。因此我国培育高价值专利不仅需要专利代理机构、专利评估机构、专利运营机构等专利服务机构围绕创新主体共同发力，而且需要专利行政部门、专利审查机构、专利行政执法机构、司法机关等政府机构的共同参与。

在高价值专利培育过程中，作为核心创新主体的企业为提升其市场竞争力而产生的对高价值专利的需求，是高价值专利培育成功的内因。事实上，如果作为市场竞争主体的企业自身没有对高价值专利的强烈需求，无论政府提出怎样的激励政策，企业都不可能产生内生动力；而政府的支持和引导是高价值专利培育成功的外因，在高价值专利的培育过程中，为激发行业发展的活力，引导经济发展的方向，知识产权管理机构有必要构建与发展现状相适应的高价值专利培育机制及路径，从而为高价值专利的培育创造适宜的外部环境。

因此，高价值专利的培育和运用可以说是一个系统工程，需要坚持市场主导与政府引导相结合的原则，通过内外因共同作用促成高价值专利形成，需要从发明创造与专利申请质量提升、专利代理质量提升、专利审查质量提升、保护和运用能力提升等方面以系统性思维综合考虑，同时针对创新成果形成、专利授权确权、专利维权保护、专利转化运用等专利价值实现的关键环节进行科学谋划。不仅要借助专利信息分析提高专利技术挖掘的精准度和高度，还要提升专利文本撰写的水平和质量，此外要注重立足市场，密切结合社会和商业的需求现实，做好竞争对手分析，做到知己知彼，开展全面科学的专利布局谋划①，从而更有效地促进资源流动与合理分配，增强创新者的经营和管理能力，更好地创造专利技术价值、保障专利法律价值、实现专利市场价值。

对于政府主管部门而言，要坚持科学发展、质量为先，既要立足当前，突出中央和地方各个层面的专利质量政策导向，推进重点区域、重点产业、重点创新主体的专利质量提升，切实解决专利申请工作中存在的重数量、轻质量的问题；又要着眼长远，优化区域、产业和企业创新发展决策机制，引导专利申请数量与区域经济发展水平、产业发展需求和科技创新能力相匹配，推动更多高水平的科技创新成果知识产权化。如建立知识产权目标评估制度、专利实力状况评价指标体系、高价值专利综合评价体系等。

对于企业、高校和科研院所而言，要牢牢把握知识产权高质量发展的要求，坚持质量优先，找准突破口，增强针对性，始终把高质量贯穿知识产权创造、管理和运用的全过程；要贯彻实施知识产权管理国家标准，建立高价值专利内部管控机制，加强高价值核心专利申请的科学规划和精准布局；要建立专利申请前评估制度，对拟申请专利的技术进行评估，以决定是否申请专利，切实提升专利申请质量；要充分了解并利用各类政策，依托专利审查协作中心和专利代办处等机构服务地方的功能，获取高价值专利创造和培育的有力帮助；要积极自主建立和完善创新成果知识产权化、知识产权产业化平台机制，促进高质量专利转化为高价值的市场收益，做好高价值专利的转化运用。

对于服务机构而言，要强化专利代理管理、代理能力建设和代理质量监管，加强行业信用体系建设，有效促进技术方案的拓展和提升，帮助创新主体获得与其技术贡献相适应的专利权保护范围，做到“问题抓得准、内容写得实、权利保得牢”。

总之，要在全社会形成共识，共同打造有利于高价值专利培育、运用

---

① 唐恒. 培育高价值专利 提升创新质量［N］. 中国知识产权报，2017－07－07（006）.

和保护的社会环境。

2. 全链条培育

“高价值专利源于创新、成于法律、活于经济、显于市场”，我国高价值专利培育也应从多个方向入手。具体来说，我国对高价值专利的培育着眼于知识产权工作全链条，涉及创造、申请、代理、审查、保护和运用六大环节。理想条件下，这六大环节各有不同、各司其职又彼此关联，形成一个有机的高价值专利培育架构。

在创造阶段，要求产学研等创新主体在高精尖领域基于已有的专利布局开展高水平的专利挖掘，高度重视运用专利信息以高层次、高效率、高质量开展技术创新，确保专利化的创新成果科技含量高。知识产权服务机构则必须更准确地理解产业需求，了解产业痛点，明晰产业发展脉络，提出符合产业发展规律的观点和建议。由此，我们通过在产业发展中深入实施专利战略，优先针对重点行业开展培育，优化经济和科技活动中的专利指标，引导市场主体对专利进行科学布局等，推进高水平创造发展。

在申请阶段，要求申请人提交包含技术手段、技术问题、技术效果三位一体的技术交底书，且分层次、多角度、相互对应地将创新构思、技术方案梳理清楚。

在代理阶段，要求专利代理机构与申请人充分沟通，并基于申请人提供的技术方案撰写出高质量的专利申请文件，进而针对国内外目标市场和竞争对手，开展专利市场和战略层面布局，形成高质量的专利和专利组合，有效保护创新成果，通过高质量申请确保专利价值与市场竞争力的最大化。

在审查阶段，要求专利审查部门及时为符合市场需求、技术先进、保护范围清晰且权利稳定可期的专利授权。我们通过明确政策导向，使法律法规和政策制度向着激发高质量、高价值专利发力，向着市场规律、市场轨道和市场方向发力。专利审查员按照法律规定实行高水平、高效率审查，做好高质量、高价值专利的筛选工作，严把授权关，使授予的每一项权利均具有较高的稳定性，并加强与创新主体的对接，使高价值专利培育工作更加精准和富有成效。

在保护阶段，要求专利行政执法机构、司法机关惩治专利侵权行为或者假冒专利行为，保护专利权人的合法权益，创新者积极应诉，运用知识产权法律武器有效维护自身合法权益。

在运用阶段，要求专利运营主体通过使用、许可、质押、转让等方式实现高价值专利的市场价值，专利服务机构提供专利布局、导航、预警、质量评价等服务作为相应支撑。依托政策扶持精准着力，培育优质知识产权服务机构，引导并支持市场主体利用市场化、集群化、联盟化、协作化手段吸引并整合专利资源，优化配置政策资源、技术资源、人力资源、金融资源等，实现高效运用①。

二、国外可借鉴形式

国外虽然没有明确提出高价值专利培育的概念，但知识产权事业发展的先行优势以及起步较早的专利价值评价指标体系研究实则对高价值专利的孕育起到了潜移默化的推动作用，以下对国外的典型专利价值评估体系及知识产权工作模式特点进行简要介绍。

1. 专利价值评估体系

（1）专利记分牌法。

美国的 CHI Research 公司（现已改名为 ipIQ）首次提出系统性的专利计量方法——专利记分牌法，将科学计量学与文献计量学的理论用于专利分析，通过对专利分布规律和专利信息的定量分析，实现了对国家、地区、机构的专利进行评价，进而能够评价国家、地区、机构的专利发展态势。

专利记分牌法使用了 6 个经典的专利计量指标。以企业为例，这 6 个指标分别是：①企业活跃指数，一般而言，企业的专利申请量能够反映出其在技术研发上的投入，企业的专利产量与产业专利的总量相比较能够反映出企业在该行业的活跃度，因此，专利记分牌法使用企业的专利产量与产业专利总量的比值作为企业活跃指数的评估值；②当前影响指数，专利被其他专利引用的次数越高，表示该专利对其他专利的影响力越高，由

---

① 胡海容. 高价值专利的判定和培育［J］. 中国发明与专利，2018，15（12）：15－21.

此，专利记分牌法使用了每年授权专利被引用次数与当年授权专利总量的比值作为企业当年专利的影响指数；③技术强度，使用企业的专利授权量与影响指数的乘积作为技术强度；④相对技术强度，使用企业的影响指数与产业平均的影响指数的比值评估企业专利的相对技术强度；⑤技术生命周期，专利所引用的其他专利通常是在先技术，并且专利的实施有时也会依赖于在先专利技术的实施，从某种意义上讲，在先专利的专利年龄代表着当前专利距离在先专利的时间差，因此，专利记分牌法使用企业拥有的授权专利所引用的所有专利的专利年龄的时间中位数作为技术生命周期；⑥科学关联度，专利所引用的科学类论文数量越多，意味着专利技术的前瞻性越强，专利的技术越前沿，因此，专利记分牌法使用专利引用的科学类论文数量与专利数量的比值作为科学关联度。

可以发现，专利记分牌法将宏观层面的专利价值评估指标进行量化，使得评估简洁、统一，并能比较科学地反映出多件专利的整体价值，因此，这些计量指标在宏观专利计量领域被沿用至今。到目前为止，有关宏观层面的专利价值分析体系都是以这 6 个指标为基础进行扩充、调整，进而发展形成自己的体系。

（2）《华尔街日报》专利记分卡[①]。

《华尔街日报》在财务和投资栏目中以专利记分卡的形式发布某一行业的公司、研究机构的技术强度排名和股票行情数据，统计指标涉及专利授权量、产业影响力、研发强度、技术强度、科学强度、创新循环周期。技术强度和产业影响力指标反映专利技术质量。技术强度是结合数量和质量因素对某一机构的专利组合实力的总体评估结果，是专利组合的排名依据之一。产业影响力指某一机构专利组合对后续技术创新的影响程度，通过专利被引用的数据计算。专利授权量指标反映专利技术数量，指某一机构在统计周期内的美国专利授权量。科学强度和研发强度指标反映科学性。科学强度用来衡量创新主体利用科学研究成果构建专利组合的程度。研发强度指某一机构的专利组合中科学关联度高于行业平均值的专利数量

① 李昌峰，武伟．榜单的力量：常见专利排行榜解析［J］．专利文献研究，2005，2（1）：92－96.

程度。创新循环周期指标反映专利技术发展速度，用于衡量专利或专利组合所基于的现有技术的新旧程度。专利记分卡的研究目的在于为创新主体的技术强度排名，直接分析的对象为创新主体所拥有的专利，涉及对专利技术的质量、数量、科学性和创新速度的综合评价，所采用的排名方法和选取的指标可为高价值专利的显现化提供借鉴。

（3）电气与电子工程师协会专利实力记分卡①。

电气与电子工程师协会（IEEE）专利实力记分卡是对全球5000余家领先的公司、学术机构、非营利性组织和政府机构的美国专利进行客观、量化分析的结果，综合考虑了专利组合的数量和质量，根据专利实力指数进行排名。专利实力通过专利数量、专利增长指数、技术影响力、技术原创性和技术扩散性来体现，计算公式为：专利实力指数 = 专利数量 × 专利增长指数 × 校正后的技术影响指数 × 技术原创指数 × 技术扩散指数。其中，专利数量是指某一年专利授权数量；专利增长指数是指某机构最近一年美国专利授权量除以前5年期间每年平均授权量；校正后的技术影响指数需要首先计算技术影响指数基础值，再根据自引率对技术影响指数基础值进行校正，以消除极端自引的影响。技术影响指数基础值是指某机构前5年所有授权专利被最近一年全美国所有授权专利引用的次数，除以与该机构专利组合处于同时期、同领域的所有授权专利被最近一年全美国所有授权专利引用次数的平均值。技术原创指数反映了某机构专利组合所引用的专利技术领域的宽泛程度。技术扩散指数也称技术普及型指数，反映了引用某机构专利组合的专利技术领域的宽泛程度。IEEE专利实力记分卡与《华尔街日报》专利记分卡类似，其所采用的排名方法和选取的指标可为高价值专利的显现化提供借鉴。

（4）专利强度。

2003年，美国加州大学伯克利分校法学院的Allison等联合发表了一份名为*Valuable Patents*的论文，公布了他们在专利价值方面的研究成果。专利检索分析平台Innography购买了此项研究成果，建立了专利强度计算模

---

① 李昌峰，武伟. 榜单的力量：常见专利排行榜解析［J］. 专利文献研究，2005，2（1）：92－96.

型，使用专利强度（Patent Strength）表征专利的价值，并将之实现在 Innography 平台上。Innography 经过长期对专利的评价，发现价值高的专利有其共性，也就是说，通过一些特征能够发现“好”专利。一方面，专利的有效运用是检验专利好坏的最终途径，特别是经过诉讼检验的专利更是“上等”专利，这是因为专利的运用特别是专利诉讼结合了多方面的因素对专利进行评价。首先，专利技术得到有效使用并且具有良好的市场前景或者利润丰厚一般是专利诉讼的前提；其次，诉讼中所使用的专利的保护范围会比较好地覆盖需要保护的内容，同时稳定性也比较高，比较容易判断是否侵权等。因此，Innography 将经过诉讼检验的专利评价为好专利。另一方面，专利的价值不是一成不变的，而是随着时间发生变化。比如，早期技术还未推广时，各方面条件还不成熟，专利还不能体现其价值。随着技术的逐步推广，使用的人越来越多，发生侵权的可能性也越来越大，专利的价值就会随之提高。一旦发生诉讼，则意味着专利的价值得到充分体现；如果随着技术的进步，该专利技术逐步被淘汰，则其价值会降低。总之，专利的价值是动态变化的。综合以上原理，并结合论文中提到的判断专利价值的若干因素，Innography 的评估选择的指标尽可能量化，以确保评判的客观性和统一性。在具体评判时，Innography 采纳了诸多价值参数包括权利要求数量、引用次数和被引用次数、专利家族规模（即同族规模）、从申请到公开的时间长度、普遍性与原创性、专利年龄等，并融合了邓白氏数据库，可以批量获得专利的诉讼数据。Innography 通过模型运算将一项专利的强度分为 1—10 的不同等级，专利强度越大，专利价值也就越高，可以从海量专利数据中快速获取核心专利。但是 Innography 数据库对中文专利的支持力度不足，收录的中文专利大多缺乏前引和后引的标引，且对申请人的企业财务数据更新严重滞后，因此通过对中文专利的批量筛选难以获得较为准确的高价值核心专利。

2. 相关政策环境和模式

高价值专利创造和培育涉及知识产权工作链条中的各个环节，而各国在这些环节中的做法各有特色。

美国、日本、欧洲国家、韩国和新加坡在司法保护、行政执法保护方面的相关法律制度都比较完善。其中，韩国专门成立了侵犯知识产权联合调查中心；日本设立了知识产权保护办公室，并在专利续费方面实行50%的折扣，进一步激发创新；新加坡采用诉讼、仲裁和调解等多种途径处理知识产权纠纷，并采取适当的奖励政策。多层维权方面，美国采用法庭谈判或直接通过律师间的协商解决纠纷，很多民间保护组织参与到知识产权纠纷调解和仲裁中；日本的知识产权纠纷除了可诉诸法院之外，还可以向知识产权仲裁中心申请裁决；韩国专门出台了关于为了保护海外产业财产权提供审判与诉讼费用补贴的规定。

服务体系建设、产学研方面，各国均采取不同措施来深化对人才的培养机制、完善服务体系的网络化，将产学研各相关机构联合起来，使教学、科研、技术开发和产业化等环节达到最大程度的合作和共享。文化建设和知识产权人才培养方面，各国不仅重视对专业人才的培养、教育，还逐步重视知识产权的启蒙教育、普及教育。

对知识产权的关注与举措构建起各国知识产权事业发展的架构，营造了高价值专利创造和培育的环境氛围，这里以交易运营体系建设方面为例，介绍部分国家根据各自特色采用的不同专利运营模式。

（1）美国。

美国是知识产权运营最活跃的国家之一，企业、高校、科研院所纷纷涉足知识产权运营，以中介服务为主体的知识产权运营机构不断涌现，大大小小的知识产权运营公司更是数不胜数，各类运营机构共同努力，以期使知识产权运营服务更广泛、更完善。

目前，美国的专利运营主要有以下四种模式：①混合型专利运营模式。混合型专利运营模式最大的特点在于，其专利的获取方式及资金来源多样化，专利的获取可以采取内部自主研发、外部收购以及内外部合作开发等方式。②防御型专利运营模式。防御型专利运营模式的特点在于，其自身不进行研发，专利的获取基本依靠外部收购，而其初始资金来源则主要靠创投公司或者投资基金，专利运营模式则是通过为公司提供专利防御或者专利风险管控方案而获取收入。③经纪型专利运营模式。经纪型专利运营公司的主要特点在于，其主要为买卖双方提供专利交易的平台，并附带相应的专利价值评估、专利需求匹配等一揽子服务，其收益主要来自买卖双方的交易提成。④标准化专利运营模式。专利标准化运营就是将专利融入技术标准当中，借助于标准的普遍使用和强制执行获得收益。在这种运营模式中，运营主体通常拥有大量核心专利，并积极参与标准制定，将自己的专利纳入标准之中。通过标准的推广和使用，运营主体直接或间接从中获取收益。在这方面，高通公司是成功的典范，其在通信领域布局了大量基础、核心的专利，并将其纳入标准，其他企业要想进入该领域，必须向高通公司缴纳专利许可费，高通公司也因此成为3G时代的“霸主”。

近些年来，美国专利运营的模式也日益丰富和多样，从最初的专利许可，逐步发展出专利拍卖、专利转让、专利质押、专利诉讼、专利池、专利联盟以及专利的资本化和证券化等多种形式。专利运营也逐渐成为一个新兴产业，同时为高价值专利的产出和运用提供了极为有利的外部环境。

（2）日本。

为了促进日本国内制造业的蓬勃发展，尤其是推动由广大中小企业共同构建起来的“日本制造”的振兴，日本政府积极宣传并推广“知识产权金融化”的新概念。日本政府积极鼓励国内的金融机构对中小企业拥有的知识产权进行价值评估，并以估价为基础，对知识产权的持有者（企业或个人）实施金融贷款。受此影响，日本国内的制造业企业尤其是中小企业的融资环境及融资渠道得到大幅改善，企业的生产及经营规模得以扩大。与此同时，日本金融机构的经营范围及贷款对象也变得更为丰富，资金的安全性也获得了一定的保障。

2014年起，日本特许厅就试验性地启动了知识产权商业评估书项目，专门用以评估日本中小企业所拥有的知识产权的经济价值，并免费向国内的金融机构提供评估信息。在此基础上，日本特许厅启动知识产权金融化促进事业，其中就涉及对中小企业拥有的知识产权的经济价值进行全面评估及编制知识产权商业评估书的具体规定。为了更加有力地推广并落实中小企业知识产权金融化工作，日本政府在2016年度的财政预算中专门拨出1亿日元专项资金。不仅如此，日本政府还希望在2015—2019年度的五年时间内，促使相关金融机构的融资总额突破15亿日元。日本在金融方面对知识产权的有力支持，为专利价值的提升创造了非常大的空间，为高价值专利培育打开了广阔前景。

（3）欧洲国家。

以德国为例，德国的知识产权质押融资制度最大的特色是风险分摊机制。在这种机制的作用下，金融机构开展知识产权质押融资业务面临的风险被化解到最低值。所谓风险分摊机制，就是指由参与主体共同承担知识产权质押融资的高风险。当发生代偿时，政府承担主要损失，一般是损失金额的65%，担保机构和商业银行按照分摊比例承担剩余的35%。德国的风险分摊机制，大大降低了金融机构开展知识产权质押融资业务所承担的风险，提高了金融机构参与的积极性。让有价值的专利顺利实现变现，可以使专利的经济价值更好地体现，也能更大程度地激发对高价值专利的创造和培育热情。

（4）韩国。

韩国为了实现知识产权制度既能激励技术创新又能促进技术扩散的基本目标，努力为促进专利技术的商业化创造有利环境，从而获得了高价值专利创造和培育的丰厚土壤。①制定促进技术转让法。2001 年，韩国制定了促进技术转让法，以法律的形式保障了韩国技术交易所的设立与运营，为鼓励和实施技术转让提供了有力的法律保障。②建立知识产权市场和网上专利技术市场。韩国知识产权局的互联网知识产权市场促进了专利技术的商业化和销售，有效防止了先进专利技术的闲置。同时，韩国知识产权局积极组织知识产权市场和技术展览，成立专利技术转移促进部为技术发明、申请和商业化活动提供有效支持。③对优秀技术和专利产品的扶持。韩国知识产权局为专利技术商业化实施大额投资和财政资助，与此同时，韩国产业资源部加大投入以加强专利技术的开发、转让和产业化扶持。④将主管专利技术商业化的部门升级为政府机构，加大资金投入。该机构由来自商务部、能源部、中小型企业管理会及韩国知识产权局的代表组成，通过评估专利技术的市场价值，对商业化给予最大的支持，所涉及的范围包括技术转让、商业化资金投入以及销售渠道等。该机构对获得较高商业评价的专利技术给予一定的优惠政策，建立专利技术网上商城帮助中小型企业的专利产品走向市场。⑤刺激专利技术的转让和交叉许可。建立在线知识产权市场和一个永久性的专利技术市场，刺激专利技术的交流，加强独立组织之间的技术转让信息共享。帮助大学加速知识产权的商业化和转让，为私营企业提供资金，帮助其对那些来自大学的专利进行商业化，帮助大学建立其自有的技术转让机构，从而使他们完成各种专利相关事务。①

（5）新加坡。

新加坡知识产权局凭借2014年实施的知识产权融资项目，成为当时全球仅有的两家支持知识产权抵押贷款的机构之一。该融资项目帮助创新企业利用无形资产组合（例如专利、品牌和创新成果）来增加资产。知识产权融资计划由新加坡知识产权局引入，用以帮助知识产权资产丰富的公司将其知识产权货币化以促进业务增长及扩张。根据该计划，企业可以以知识产权作为抵押资产向银行申请贷款，银行机构所面临的贷款风险由政府承担。该项计划的施行为那些拥有大量专利的科技创新型企业提供了新的融资渠道。

为提高企业知识产权创造和运用能力，新加坡出台了大量的扶持政策，包括分别针对中小企业和国际化企业的知识产权管理计划、知识产权诊断计划、生产力创新及优惠计划、知识产权策略能力发展计划和知识产权融资扶持，涵盖企业知识产权运用策略评估、培训、特许经营、咨询、补贴、税收减免、融资服务等，不断提高企业创造和运用知识产权的能力。

第二节　高价值专利创造和培育之战略规划

一、专利战略规划

1. 技术创新与专利战略

创新主体是高价值专利创造的最前端，创新主体要创造和培育高价值

---

① 侯巧玲，傅文奇．韩国专利战略的特点分析［J］．科技情报开发与经济，2006（11）：174－175．

专利，既离不开高质量的技术创新，也离不开高水平的专利战略。

技术创新是创新主体通过市场调查、研发投入等综合措施，获得高水平或高技术含量的技术方案的过程，是提升专利质量、培育高价值专利的源头和基础。在研发初期，创新主体通过缜密的市场调查、深入的技术研究，综合考量分析找准技术热点、创新方向和研究技术路线，科学合理地规划安排研发需要投入的人力、物力和时间成本，提升研发的起点和效率。在研发中后期，创新主体需要密切跟踪研发领域工作动态，包括技术和市场的动态变化，适时调整研究方向和技术路线，优化研发规划避免资源浪费的重复研发。

浙江大学翁国民教授对专利战略作了如此定义：专利战略是为了企业的长远利益和发展，充分依靠和运用专利制度，使专利机制成为促进企业技术创新的一个主要动力机制和保护机制，在技术竞争和市场竞争中谋求最大经济利益，并保持自己技术优势的深层次、全局性谋略。日本经济学家斋藤优则认为专利战略就是如何有目的地有效利用专利制度的方针。[①] 由此可见，高水平的专利战略是创新主体面对复杂多变的市场竞争环境，以赢得市场竞争主动权、谋取更大市场份额和经济效益为目的，主动利用专利制度、运用特定手段在专利方面综合施策有效地保护自己的谋划，是提升专利质量、培育高价值专利的支撑和保障。

在过去的一段时期内，我国很多企业常常面临“有技术，无专利；有专利，无创新”的困境。而高质量的技术创新与有效组织和实施科学适宜的高水平专利战略相结合，形成高价值专利或专利组合储备，则可以帮助企业在激烈的市场竞争中占据优势并拥有一席之地。由此，针对我国加入WTO的新形势，科技部提出实施人才战略、专利战略和技术标准战略三大战略，通过意识普及和引导使得专利战略逐渐被企业重视并作为发展的生命线。

掌握企业技术创新与专利战略的相辅相成关系对指导企业开展技术创新活动具有重要意义。基于企业的核心经营属性，企业技术创新与专利战略的目标实则都瞄准市场。海尔公司在实施技术创新与专利战略时就注重

---

① 斋藤优. 发明专利经济学［M］. 北京：专利文献出版社，1990：11.

"从市场中来，到市场中去"的环形新产品开发原则，将是否具有市场效果作为检验技术创新成果成功与否的重要标志①。而实施专利战略时，通过开展竞争对手分析可以辅助确定和调整研发方向，确立技术优势，获得市场先机；通过开展技术发展趋势或空白点分析可以辅助规划产品投放市场方式，结合专利优势，成功赢得市场；通过开展专利运用模式规划研究可以促进盘活专利资产，发挥专利优势，拓展市场空间等。

企业专利战略与企业科技发展战略有机结合，能够使企业的创新链与价值链更好地融合，在企业提高自身创新能力、保护自身创新成果均大有裨益。当企业的高质量技术创新成果转化为高价值专利形态时，在企业开拓国内外市场时亦是有力武器。专利一端连着创新，一端连着市场，专利战略具有技术性、经济性与竞争性的特点，合理有效的专利战略能够帮助企业将技术优势转化为市场竞争优势，而占据市场竞争优势就是企业专利战略的最终目标。高价值专利的最终验证在于市场，创造和培育高价值专利亦是为了使企业占据市场竞争优势，为企业带来可观的经济效益。因此，高价值专利创造和培育必然成为企业专利战略的重要部分。

如此说来，将专利战略作为企业总体发展战略的重要组成部分给予关注是十分有必要的，对高质量的技术创新辅以高水平的专利战略，能够帮助企业在市场中抢占一席之地。

2. 专利战略与高价值专利创造和培育

企业专利战略作为企业运用专利手段的整体性谋略，通常会涉及专利信息利用、专利技术开发、专利获权保护、专利许可转让、专利维权诉讼等多方面。企业专利战略按性质划分可以分为进攻型专利战略、防御型专利战略和综合型专利战略。进攻型专利战略主要包括基本专利战略、外围专利战略、专利转让战略、专利引进回输战略、专利诉讼战略、专利收购战略等；防御型专利战略主要包括交叉许可战略、绕过障碍专利战略、利用失效专利战略、文献公开战略、专利无效诉讼战略、现有技术抗辩等；综合型专利战略是相对于企业自身竞争环境、技术能力而言，采取强则攻、衡则守、弱则防、中则跟进的专利战略，进攻型与防御型专利战略交

① 冯晓青. 企业专利战略基本问题之探讨［J］. 河南社会科学，2007（03）：91-95.

叉组合，发挥其综合作用①。另一种划分方式是将专利战略划分为专利调查战略、专利申请战略、专利实施战略、专利防御战略等四大类②，如表2-1所示。

表2-1 专利战略类型

专利调查战略	专利申请战略	专利实施战略	专利防御战略
技术动向调查	基本专利战略	独占实施战略	文献公开战略
专利性调查	外围专利战略	交叉许可战略	请求撤销战略
公知情况调查	抢先申请战略	专利引进战略	请求宣告无效战略
法律状况调查		合作实施战略	证明先用权战略
同族专利调查		专利收买战略	主动和解战略
监视性调查		专利出让战略	
		失效专利利用战略	
		专利与商标搭配战略	

在前一节中已经介绍过，占领市场是企业专利战略的核心内容。事实上，目前大多数企业为在国内外市场竞争中提升核心竞争力采用的通常都是综合型专利战略。企业基于自身经济实力和技术竞争力制定符合自身情况且适于达到竞争目的的高水平专利战略时，往往同时推动着高价值专利的创造和培育，基于多角度规划专利战略，既促使企业提升研发起点和效率，也推动企业强化创新成果保护，从而产出高价值专利。而创造和培育高价值专利对于企业占领市场来说，益处显而易见，这也回归了企业专利战略的要义。

而当前我们更要强调的一点是，企业在制定和实施专利战略时，就应当将创造和培育高价值专利充分考虑在内，进一步完善以市场需求为导向、以专利运用为目的的高价值专利培育体系，对专利进行科学布局，推动专利质量的提升，形成与创新发展相匹配的专利储备体系，提高企业知识产权综合能力，支撑企业技术创新效益最大化。企业通过充分了解技术发展现状以及技术发展趋势，找出技术研发制高点和空白点，找出市场价

① 刘璇．三一重工的专利竞争情报研究［D］．湘潭：湘潭大学，2013：16-17，40.

② 姚璐璐．我国高新技术企业专利战略研究［D］．武汉：华中科技大学，2011：4-10.

值所在点，结合对自身的全面分析及资源整合调动，创造和培育出高价值专利，在高水平专利战略的形成中实现优化。

日本企业在实施专利战略方面有一些值得我国企业借鉴和学习的地方。首先，合理运用“外围专利战略”，以小制大，扭转技术方面既有的劣势。日本企业在基本专利方面不如美国，于是便基于这些基本专利作了许多改进，就每个很小的创新都提出专利申请，小发明专利数量飞速增长，完成了外围专利的布局，保护了日本的产品。其次，注重将研发战略、专利战略与生产经营战略紧密结合。日本企业在研发阶段就十分注重产生专利的预期效果，企业大多投入大量人力、财力以产生专利，为了使产出的专利技术具有良好市场前景，在研发选题时高度重视专利信息的作用，注意将研发重点目标放在商业上活跃、附加值高、可带来巨大经济利益的高新技术领域。

日本企业通过摸索对技术的引进、消化、吸收路径并正确地制定专利战略，逐步形成越来越多的自主知识产权技术，专利申请量逐年递增，海外输出也日益增多，促使日本的技术与经济得到迅速发展，成为专利技术输出大国和世界经济大国。日本企业的有益经验说明，与企业其他重要战略形成紧密配合的高水平专利战略将促成具有良好市场价值的高价值专利创造，使得企业创新在专利保护下在市场上获得最佳经济效益，而高水平专利战略则要求企业具有专利战略思想。企业专利战略思想是推进企业专利战略实施的指导方针与基本思想，对企业专利战略目标的确立、定位、重点的选择以及对策的实施均具有十分重要的指导作用。企业日常应注重专利战略思想的培养，形成研发成功后即着手实施专利保护的意识，专利战略思想是否成熟、科学，将直接影响专利工作特别是高价值专利创造和培育的成效。

二、专利信息分析支撑专利战略规划

1. 专利信息分析概述

要做好高水平专利战略规划，制定科学的专利战略，离不开对该领域专利技术的深入了解，并在此基础上制定科学合理的布局策略和应对措施。对专利信息进行全面、深入和准确的分析是以上工作的核心基础。

专利文献是记录有关发明创造信息的文献，狭义的理解可以认为专利文献承载的信息就是专利信息，也是十分丰富的科技信息。世界知识产权组织的有关统计资料显示，世界上每年 90% ~95% 的发明创造成果都会在专利文献中体现，且其中 70% ~80% 只会在专利文献中体现，其内容所包含的范围几乎涉及所有应用技术领域。在研发活动中有效利用专利信息，可缩短 60% 的研发周期，节约 40% 的科研经费，还能够进一步提高研发的起点。专利信息的公开成为创新的重要助推力，是推广和促进专利制度发展的重要支柱。世界上许多大公司、大企业在新技术的研究和创新活动中都非常重视利用专利信息。

专利信息分析是指以专利文献作为主要内容或以专利文献为依据，经分解、加工、标引、统计、分析、整合和转化等信息化手段处理，而获得与专利有关的各种有价值情报。通过查阅完全公开的专利文献，可以迅速了解现有技术的发展状况，获得在现有技术基础上进一步开发、改进的有效启发，避免低效率的重复研究，节约社会创新资源。与此同时，企业不仅可以根据专利信息分析掌握竞争对手的研发动态，如技术动向、产品动向、市场动向和市场战略布局等，也可以通过专利信息分析获得对产业发展现状及发展趋势的了解，为企业自身的技术发展方向及知识产权战略的制定提供依据，高效明确技术研发方向并布局高质量专利。

具体来看，首先，专利信息分析对国家、企业、个人避免因低水平重复研究而造成人力、设备和资金等紧缺科技资源浪费的作用不容小觑，更能促进有效配置研究与开发资源。如某环保所历时 4 年为研制成功一项环保技术先后共投入科研经费 2500 万元，当准备大力推广并申请专利时，才发现原来日本一家公司早在十年前已有相同的技术，并已在中国以及其他多个国家申请了专利保护。若在立项研发前先进行专利信息检索分析，发现在先专利，则可以有效避免科研经费打水漂、研发技术市场完全被覆盖的情形出现，或许还可以基于日本公司的技术做出新的技术突破并超越在先专利形成新的知识产权。而海尔集团则牢牢把握技术研究开发前的阶段，深入全面地进行专利信息分析利用，其冰箱事业部在开发一款出口美国的冷藏箱时，在设计之前就进行了国内外专利检索，当发现初步方案与加拿大某公司在美国申请的专利有抵触时，即刻委托美国的专利事务所进行侵权对比分析，并据此由知识产权工作人员配合设计人员设计出一种更新颖的方案，在确认不与在先权利冲突后才确定开发技术方案，从而将研究开发资源进行精准投入。①

其次，专利信息分析是了解技术起源、技术分支、技术竞争者以及探寻技术分布和发展规律的重要手段，不仅能提升我国对研发资金的投入效益，还能支撑企业更科学地制定专利战略和科技发展战略。如海尔集团建设了可跟踪世界家电技术最先进科技成果的中外专利文献数据库，搭建了新产品检索与法律分析平台、出口产品防侵权平台等，通过专利平台对已有的产品项目进行国内外的技术动态信息监控，从项目涉及的相关技术领域、国内外目标公司等角度进行专利跟踪，形成课题累积资料库、竞争对手技术资料库，为海尔集团不断提高知识产权应用能力、创造能力提供了可靠保证。海尔集团通过专利文献检索和分析，从国际范围内挖掘技术创新点、寻找技术合作开发方，旨在选准课题、避免重复开发、明确攻关重点、缩短开发周期、提高产品工艺可靠性、提高效率，并为技术引进、出口贸易、海外建厂等提供决策依据②。下文将通过专利信息分析支撑专利战略规划的具体案例，进一步分析专利信息分析的重要性，读者也将对专利战略规划有更直观的认识。

2. 专利战略规划中的专利信息分析

前面章节提到企业专利战略按性质划分主要可以分为进攻型专利战略、防御型专利战略和综合型专利战略。企业通过采用技术要素分析或技术分布分析、技术路线分析、专利引证分析，可以对标杆企业或潜在竞争对手进行综合分析，同时根据企业自身发展目标和所具备的条件，结合竞争对手和市场变化情况，能够有针对性地制定符合企业发展需要的专利战略。

深圳市朗科科技股份有限公司（以下简称朗科）是移动存储技术方面

---

① 黄贤涛，岳长琴. 专利信息为企业发展导航：谈专利的信息开发与利用［J］. 中国发明与专利，2007（05）：83－84.

② 喻子达，张玉梅. 海尔的知识产权与标准化战略［J］. 信息技术与标准化，2006（06）：45－48.

的领先企业，其创始人邓国顺、成晓华拥有闪存盘的基本专利，被称为“中国第一家真正拥有基本专利的企业”。朗科从建立之初就十分重视建立知识产权体系、组建知识产权情报系统和数据库，专利分析主要起到如下作用：发现技术空白，围绕基本专利积极部署外围专利，形成进攻型的专利申请策略；在专利诉讼策略方面，通过专利分析监控竞争对手，积极进行专利诉讼；在专利许可策略方面，通过专利分析发现潜在的许可对象。基于专利分析的成果，朗科围绕上述基本专利积极在多个国家和地区申请外围专利，建立全面的保护网，在美国、日本、欧盟、新加坡、马来西亚、南非等获得多项专利权。在拥有了稳定、覆盖全面的专利权后，朗科积极进行专利诉讼，先后发起了针对华旗资讯（2002 年）、索尼（2004 年）、PNY（2006 年）等国内外企业的多起专利诉讼，同时在没有形成标准规范的情况下，通过对华旗、San Disk 等多家企业发放专利许可获得了收入，并且促进了闪存盘市场的发展。专利诉讼战略和专利许可战略的组合使用取得了良好的效果。可以看到，朗科通过专利分析，结合企业特点，采取了基本专利战略、外围专利战略、专利许可战略和专利诉讼战略相结合的进攻型专利战略，取得了良好的效果。

亿光电子工业股份有限公司（以下简称亿光电子）创建于 1983 年，是 LED（发光二极管）行业的重要生产商。LED 产业链主要包括衬底、外延、芯片、封装和应用等几个环节，其中前三个环节属于产业链上游。全球五大厂商——日亚化学（Nichia）、欧司朗（Osram）、飞利浦（Philips）、科锐（Cree）和丰田合成（Toyoda Gosei）掌握了产业链上游的大量核心专利。另外，三星、LG、首尔半导体、松下、日立、住友等日韩企业也在 LED 领域申请了大量专利。由于全球 LED 市场的快速发展以及早期的基本专利已经失效或即将失效，近年来，五大厂商通过相互之间的专利交叉许可建立了事实上的专利联盟，相关专利涉及蓝光 LED、白光 LED、荧光粉、LED 灯泡灯具、LED 照明控制系统等多个方面。亿光电子通过专利分析，了解了行业的专利分布情况以及主要竞争对手的专利布局情况，有针对性地在封装方面加强了专利布局。2009 年，亿光电子依靠 LED 封装技术的专利，与欧司朗达成专利交叉许可协议，亿光电子许可欧司朗使用其 LED 封装技术专利。作为回报，亿光电子获得了欧司朗在汽车和照明应用领域 LED 专利的使用许可，就此进入 LED 生产大户的行列中。此外，亿光电子还在日本、中国台湾等地被控侵犯日亚化学的专利权，亿光电子通过详细分析日亚化学相关专利的保护范围，结合所掌握的在先技术情况，在中国台湾、日本分别对日亚化学的部分专利提起了专利无效诉讼，并已先后胜诉。作为没有掌握核心专利技术的企业，亿光电子面对 LED 行业激烈的市场竞争，通过分析竞争对手的专利布局和专利保护范围，制定并实施了防御型的专利战略，针对欧司朗、日亚化学等不同的竞争对手采取了专利交叉许可策略、专利无效策略等不同的策略，取得了较好的效果。

对于朗科和亿光电子来说，专利信息分析无疑成为企业专利战略规划的重要支撑，而综合归纳专利信息分析对于专利战略规划的作用，具体可体现在以下几个方面。一是经营决策，企业通过全面而严密的专利信息分析来决定研发的主要方向、开展技术贸易的合适对象、是否许可或转让他人实施专利以及是否需要采取措施来应对侵权与被侵权；二是企业竞争，对专利信息的分析可以发现竞争对手及对手的技术先进程度、技术产品开发成熟程度等技术实力，也可以监测对手的新产品开发策略、未来的市场开拓策略等竞争策略；三是技术引进，专利信息能为技术的评估和选择提供科学依据，确保引进技术的质量和己方的利益，还可以寻找技术合作者，以较小的代价达到双赢的目的；四是技术输出，通过专利信息分析，可以摸清技术的国外市场前景，看清出口产品在进口国的专利保护情况，正确选择出口地（国），避免引起侵权纠纷，并通过获得国外专利权来更有效地占领国外市场，争取输出技术过程中的主动权①。

三、高价值专利创造和培育途径

1. 价值三维度创造和培育

（1）高水平技术培育。

专利来源于技术并形成于技术，因此，高价值专利的创造和培育首先

---

① 傅长青，颜祥林. 专利信息在高新技术产业专利战略中的作用分析［J］. 情报探索，2006（02）：103－105.

涉及的就是高价值技术的挖掘。这里所说的高价值技术指的是对企业而言具备较高技术价值、市场价值、经济价值或战略价值的技术，是一个广义的概念。

高价值技术培育的主要任务是尽可能为专利的技术价值打好基础，主要由技术先进性、技术方案不可替代性及不可规避性所决定。但是，专利的市场价值或经济价值才是培育高价值专利的最终目标，因而在培育高价值技术时也需格外重视技术成熟度、配套技术依存度以及技术适用范围，使培育出的高价值专利在后续的运用当中实施限制更小、应用范围更广、经济价值更高且兑现更为容易。事实上，高价值技术的获取方式并不限于自主研发，也可以是合作研发，还可以是技术引进，并且可以灵活利用市场调研、专利导航、价值评估等方法，确定技术研发方向，引导高水平创新成果的产生。

例如，在创新过程中，专利导航是帮助产业和创新主体挖掘高水平技术、提升创新效率并规避知识产权风险的有效措施。通过产业规划类专利导航项目，明确产业发展方向和重点，合理配置创新资源，能有效推动针对产业链关键环节和核心技术加强专利布局。创新主体通过实施运营类专利导航项目，可以获得针对重大研发计划的专利情报信息，制定企业的研发策略和研发重点，实现合理的专利布局，提高研发起点，规避他人专利权，有效地争夺市场主动权，加强高价值核心专利申请的科学规划和精准布局。而在专利质量提升工程实施方案中提及的推动组建企业主导的产业知识产权联盟，建立订单式研发、投放式创新的专利协同运用机制，也是高价值技术培育的有效路径。

（2）高质量专利申请。

法律价值是专利价值实现的根本保障，专利的法律价值主要体现在专利的撰写质量（即文本质量）上，其又是以高质量的专利申请文件为基础。因此，高价值专利的培育第二阶段涉及高价值专利申请文件的撰写。

对于专利的撰写，企业通常采用的方式有：由专利代理师撰写、企业内部专利工程师审核，由企业内部专利工程师撰写及审核，以及两种相结合的方式。专利代理师或企业内部专利工程师需要通过与技术研发人员持续、深入地沟通，确定合适的专利申请撰写方案，确定合理的权利要求保护范围，保障高质量专利文本的形成。对于一些涉及重大技术的专利申请，更需注重认真研究，依托高水平的专利代理师、专利工程师与研发人员充分沟通后撰写申请文件，保证申请质量。而针对专利工程师及研发人员开展专利基础知识、专利申请文件撰写、专利申请和审查、知识产权运用及管理等方面的专利实务培训，对于增强企业专利管理意识、提高企业专利申请质量则具有相当的必要性。

具体选择何种方式处理高价值专利的撰写，应当根据企业自身的战略、资源、专利团队的业务能力等方面综合考虑。而不管是以何种方式处理高价值专利的撰写，为了保障专利撰写的高质量，均应制定并严格执行有效的审核制度。以某企业为例，新申请的专利执行严格的“四级审核”制度：专利撰稿人自检、一级核稿人初审、二级核稿人复核、流程专员校对。其中，每一级审核的范围或重点均有所不同，以确保对专利撰写质量的全面审核。一般而言，专利撰稿人为独立专利工程师，一级核稿人为知识产权主管，二级核稿人为知识产权经理或总监。当专利撰稿人为专利工程师助理时，在一级核稿人初审前还将安排独立专利工程师的前置审核①。

同时，企业内部还需要建立其他如专利质量管理机制、专利转化激励机制、专利代理质量监督评价机制等，以充分发挥资源优势，创造和提升专利潜在的法律价值，保障高质量专利申请的有效产出。

（3）高效率专利审查。

专利审查和意见答复是一件专利从申请到授权期间要经历的阶段，也是决定该件专利能否授权以及质量好坏的重要环节。因此，要打造一件高质量、高价值的专利，这个能在一定程度上维护和提升专利潜在法律价值的工作不容轻视。

在专利审查过程中，可能需要根据审查意见对申请文件进行修改以确保专利申请获得授权。针对国家知识产权局发出的审查意见通知书，除对

① 凌赵华．高价值专利是怎样“炼”成的［EB/OL］．（2018－05－08）［2021－08－06］．http：//static.nfapp.southcn.com/content/201805/08/c1157565.html？from＝groupmessage&isappinstalled＝0.

申请文件进行修改外，通常还应提交意见陈述书对申请文件为何符合授权条件予以说明。针对审查意见的答复质量直接关系到申请是否能够获得授权，同时也会影响申请人最终获得专利权的保护范围大小和权利是否稳定，是高效率审查环节中交互的关键。对专利代理师、专利工程师而言，这一阶段的具体工作可能包括审查意见通知书的答复、补正通知书的处理、对专利申请文件的主动修改或被动修改、分案申请以及与审查员的电话沟通甚至会晤等。

在对审查意见进行答复时，如果专利代理师和申请人能针对审查意见通知书撰写出令人信服的意见陈述书或修改出合格的申请文件或提供相应的证据，则专利申请就有可能在较短的时间内被授权；相反，提交的意见陈述书未对审查意见通知书作出恰当的答复，就可能延长审查程序，甚至导致原本有可能取得专利权的申请被驳回。在对权利要求做修改时，则应尽量避免作无谓的限缩，以防止日后在侵权判定中确定权利要求保护范围时适用“捐献原则”；而在对权利要求作解释或陈述时，应尽量不作无益于专利授权的表述，也不应为了获得授权而过小地解释权利要求的保护范围，防止日后在侵权判定中解释权利要求保护范围时适用“禁止反悔原则”①。

（4）高效益专利运用。

高价值专利的直接体现是其经济价值，专利走向市场才能体现其最终价值，高效益运用是高质量专利申请获得授权后，高价值专利全生命流程管理的最后一环。这一阶段在确保专利经得起诉讼考验的同时，应重视发挥专利运营的作用，探索借助多元化手段推动实现专利价值，获取对市场的强控制力，创造和提升专利现实的经济价值。

因此，在专利获得授权之后，还有一个阶段的工作需要尽责完成。首先，在被动层面，企业需要积极应对竞争对手和同行们发起的专利无效宣告请求，尽最大努力维持专利的权利有效性，并在此基础上最小限度地缩小专利权的保护范围，换取该专利权的权利稳定性，以达到在此过程中维

---

① 凌赵华. 高价值专利是怎样“炼”成的［EB/OL］.（2018－05－08）［2021－08－06］. http：//static. nfapp. southcn. com/content/201805/08/c1157565. html？ from＝groupmessage&isappinstalled＝0.

持甚至提升该专利的法律价值的目的。其次，在主动层面，企业应当积极运用及经营已授权的高价值专利，具体包括：①自主实施专利，即专利的产品化、商品化及产业化，通过该专利为企业产品利润带来的增值来实现和提升该专利的经济价值；②专利许可实施、专利维权诉讼、专利质押融资、专利作价投资、专利转让拍卖等，通过以上一种或多种经营手段的组合来实现和提升该专利的经济价值。①

2. 标准必要专利创造和培育

在我们生活中，到处存在技术标准。几乎市场中的所有产品，都是根据一项或多项标准开发而成的，在每一种产品的创新阶段，都要考虑到这些标准。食品或汽车标准会使我们想到，符合产品和服务的标准，就可以为产品和服务的质量、安全、可靠性以及对环境的影响提供保证，这就涉及技术的知识产权管理。而标准必要专利就是非常重要的一类高价值专利。标准必要专利的内涵可以从我国《国家标准涉及专利的管理规定（暂行）》中找到参考，其指出国家标准中涉及的专利应当是必要专利，即实施该项标准必不可少的专利。

从技术的角度来看，标准必要专利应当是为技术标准所必需的专利技术，是技术标准中必不可少、不可替代的技术方案。美国司法部的反垄断局曾指出，衡量一项专利是否为标准必要专利的因素之一是该项技术必需和技术标准所指向的产品或方法有必然的直接的联系，而且不能为其他非专利技术所替代。② 从经济的角度来看，企业的技术标准以及该技术标准能够准入或者抑制某项技术进入市场的程度将会对长期的经济效益产生巨大的影响③。标准作为一种规范本身并不能创造经济效益，标准的经济效益包含在标准中的一系列专利当中，专利也只有纳入标准才能更好地实现其价值。

在相关技术领域拥有专利的企业，出于其商业动机，会大力推行采用

① 凌赵华. 高价值专利是怎样“炼”成的［EB/OL］.（2018－05－08）［2021－08－06］. http：//static. nfapp. southcn. com/content/201805/08/c1157565. html? from = groupmessage&isappinstalled =0.

② 王玮. 技术标准中必要专利的认定［D］. 武汉：华中科技大学，2012：6.

③ 蒋明琳. 技术创新成果、专利、标准的协同转化机理研究［M］. 北京：经济管理出版社，2016：24－25.

其专利技术，从使用费的杠杆作用中获利。一旦专利被标准采纳而成为标准必要专利，它将随标准的推广得到应用，而且成为产品制造商必须选用的技术，进而具有特殊的侵权举证能力，具有强大的威力。一般来讲，专利权人在主张专利权时，需要举证产品中的实施方案落入专利权的保护范围，标准必要专利权人只需要证明标准中采用的技术方案落入专利权的保护范围，即可初步举证生产商侵权，因为生产商是遵照该标准制造产品的，自然实施了标准中的技术方案。由于标准规范中的技术方案容易举证，而生产商自认实施事实，使得标准必要专利能克服举证难的问题，成为威力极强的专利权，被称为专利中的“战斗机”。

如今，由于技术日趋复杂，一项标准可能涉及数量越来越多的专利，涉及专利技术的标准的数量不断增加，企业更加热衷于从自己的知识产权中获利，以增强国际竞争力。

一项技术构思要演变成标准必要专利，需要经历两个并行的流程，一个是专利申请流程，另一个是标准制定流程，如图2－1所示。专利申请流程中，专利申请为了符合《中华人民共和国专利法》（以下简称《专利法》）的相关规定，可能被多次修改以获得授权；而标准制定流程中，由于各个标准组织成员之间的相互博弈，标准提案需要多轮讨论和修改方能写入标准。最初的一项技术构思在两个并行推进的流程中均会面临修改的问题，当标准冻结发布后以及专利获得授权后，标准中的方案与授权的专利权利要求还能保持对应一致时，才能产生标准必要专利。反之，一项技术构思即使通过小组、全会的表决，写入了标准，但其在审查过程中因不符合专利法的要求而无法得到授权，或者为了符合专利法的规定而进行必要的修改而不再与写入标准的内容对应，都无法使其成为高价值的标准必要专利。当然，即便是涉标专利申请最终获得了与标准内容一致的授权，成为一个标准必要专利，但该申请的审查质量直接关系着该标准必要专利的稳定性，对标准必要专利本身依然产生巨大影响。

创造和培育标准必要专利，需要对专利进行技术评判，要细致梳理技术路线图，从整个技术的生命周期和市场前景来判断，而不能简单地以专利类型来评价。比如某件实用新型专利保护的范围涉及共性技术的基础结构，这就可能构成标准必要专利，成为非常重要的高价值专利。根据我国政策、市场和技术综合影响标准化进程的规律，引导企业将专利直接转化为标准必要专利，并在后续市场化进程中实现专利权保护，这一模式已逐步发展成型。根据我国标准化体系的行政特点，专利国家标准化介入了行政管理监督关系，即介入了公权，这确立了国家标准在保障产品质量、提高市场信任度、促进商品流通、维护公平竞争等方面的作用都至关重要，很大程度上也决定了纳入国家标准的专利的“价值增益”远远超出其他标准中的专利①。创新主体如果能够跟随市场变化从自身的标准开始进行标准化进程，将会在标准必要专利的创造和培育中占据主动。

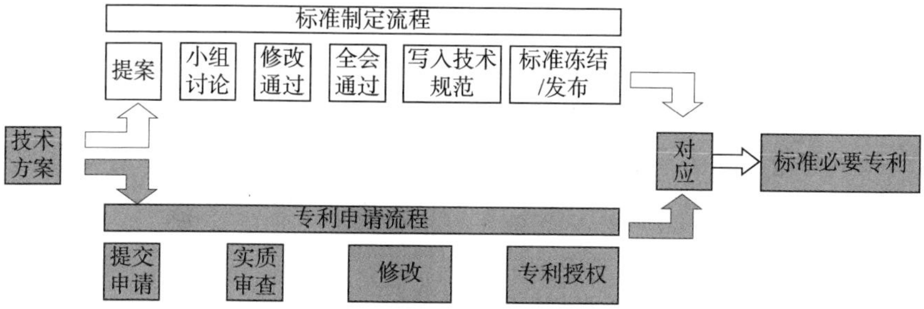

图 2－1 标准必要专利产出流程图

3. 专利组合创造和培育

我国将专利分为发明专利、实用新型专利和外观设计专利，三种类型的专利各有特点。发明专利保护对产品、方法或者其改进所提出的新的技术方案，对创造性的要求较高，经过实质审查，权利比较稳定；实用新型专利保护对产品的形状、构造或者其结合所提出的适于实用的新的技术方案，对创造性的要求较低，审查周期较短，比较容易获得授权，但由于没有经过实质审查，权利不如发明专利稳定；而外观设计专利只保护对产品的形状、图案或者其结合以及色彩与形状、图案的结合所作出的富有美感并适于工业应用的新设计，同样不经过实质审查，具有易于快速获得授权的便利性，但同样权利不够稳定。对于一项技术方案，可以在同日同时申请发明专利和实用新型专利，利用实用新型授权快的优点早日取得专利权

① 樊延霞，温丽萍．我国标准必要专利默示许可制度探析：以《专利法修订草案（送审稿）》为视角［J］．知识产权，2017（12）：74－79.

保护；在得到发明专利授权通知书时，再放弃实用新型专利，进一步获取长时间、稳定的保护。

通过挖掘一件件专利，我们有可能形成有效的专利组合，对研发成果进行全方位的保护，并形成更加有利的竞争优势。专利组合是指单个企业或多个企业为了最大限度发挥专利的价值，而将相互联系又存在显著区别的多个专利进行有效组合而形成的一个专利集合体，俗称专利池。许多新兴技术研发往往需要领先的技术力量和大量的资金投入，各家企业的优势不尽相同，因而，企业间合作开发，形成技术联盟和专利联盟/专利池的现象屡见不鲜。比如，日立、松下、东芝、JVC、三菱电机、时代华纳六大技术开发商组成的6C联盟；为了应对Android阵营，由苹果、微软、黑莓、索尼和爱立信联合成立的Rockstar专利联盟。

专利组合是一种非常典型且具有实效的专利战略。企业获得专利的动机包含了相当大的潜在战略用途。专利组合兼具策略性和战略性的双重属性，其最大的特点以及最重要的价值在于专利组合的构建。一些大型跨国公司较早地认识到了实施专利战略的重要性。拥有强大的专利组合，能够使企业成为联盟中支撑发展特定技术最不可或缺的合作伙伴。这些都是企业宏观战略之间的问题，尤其是在制定本技术行业标准或者结成战略联盟时，企业的专利可以发挥至关重要的作用，这也是各企业大力发展专利组合战略的直接动机所在。

当不同的专利权所有人拥有一系列与标准相关的专利时，专利联盟是应对利用专利抬价的一种方法。虽然每一个专利联盟都有不同的安排，但具有典型意义的是，专利联盟可以使参与标准制定的专利权所有人使用同源专利；与不属于专利联盟的被许可人签署同源专利的标准使用许可协议，并根据该协议，向专利联盟的每个成员分配一定比例的许可费。为制定MPEG－2视频编码标准而建立的联盟，是最成功的一个专利联盟范例。

企业、高等院校、科研机构、知识产权服务机构等应共同推进建立协调顺畅、组织有力的高价值专利培育工作管理体系及权益分配模式，加快专利信息传播利用，深化专利竞争态势分析，加强专利技术前瞻性布局，强化研发过程专利管理，建立专利申请预审机制，提升专利申请文件撰写质量，加强专利申请后期确权跟踪，形成结构优良、布局合理、对促进产业发展和提升国际竞争力具有支撑保障作用的高价值专利组合或专利池，建立合理的、高效的培育成果权益分配模式，并通过知识产权运营实现专利组合或专利池运用成效最大化。

企业应重点加强技术源头创新及专利布局，提升专利战略意识，推进专利技术产业化，有效应对知识产权纠纷，探索通过专利池主导形成国际标准、国家标准、行业标准。高等院校、科研机构应重点提升专利技术转移转化效率和质量，为企业提供创新及人才资源支持，帮助企业突破关键核心技术。知识产权服务机构帮助企业、高等院校、科研机构加强专利信息利用，开展专利挖掘、预警导航、竞争态势分析、专利布局咨询、跟踪管理、专利组合构建、专利运营等服务，提升专利申请质量，强化专利运营能力。

在下一章中本书将对如何布局专利组合进行更详细的介绍。

第三章

高价值专利创造和培育之创造环节

第一节　创造和培育策略

一、创造环节要点

创新端是高价值专利培育的源头和基础。为了保障创新端高价值专利培育的质量，需要创新主体中的管理决策部门、研发部门、知识产权部门及市场部门等多方通力协作，并将创新全过程与知识产权全链条融合，开展专利挖掘、专利布局、质量自评等培育工作。

研发立项前，创新主体应进行必要的产业发展、市场竞争、产品需求等状况调查分析，并提出专利分析需求，知识产权专业服务机构应协助针对相关技术的专利现状进行调查分析。通过服务机构有效的专利信息检索，分析相关产业技术领域的技术发展路线、技术发展趋势、专利布局情况及专利竞争态势等，了解研发空间、技术空白点等，辨析相关技术领域的知识产权风险，结合创新主体自身研发需求及专利情况，与国内外竞争对手的优势和劣势进行比较，确定技术研发方向和关键技术研发策略及路径。

研发过程中，知识产权专业服务机构应辅助创新主体对知识产权进行整体规划，对专利布局情况进行盘点和梳理，分析企业竞争力和竞争环境，充分考虑技术保护范围、技术保护方式、专利申请时间、专利申请地域等因素，围绕产业链部署创新链，围绕创新链部署专利链，支撑创新主体针对性地制定培育计划，开展专利挖掘，进行合理专利技术布局，制定挖掘及部署进攻型、防御型等不同类型的专利方案，制定专利池等专利组合的组建方法，并依据目标市场确定海外专利布局，实施高质量专利培育。

归纳来说，创造环节需做好对技术创新的验证优化，对专利布局的提案设计，对专利运用的资源供给，从而能够根据保护方案的实质内容为后续环节选择相应的专利申请类型来保护创新成果。

1. 专利挖掘

（1）定义。

专利挖掘，是指以专利申请为目的，从技术研发或产品开发中，对所取得的技术成果从技术和法律层面进行剖析、整理、拆分和筛选，并从规避专利侵权和增大专利获权可能性的角度进行设计，对所得成果进行概括和提升，从多个维度对相应成果进行保护，从而确定用以申请专利的技术创新点和技术方案，是从创新成果中提炼出具有专利申请和保护价值的技术创新点和技术方案的过程。

高价值专利创造挖掘是创新主体构建高水平专利战略的第一步，是创新主体专利工作的基础，处于专利工作流程的前端，对后期的专利申请、保护、运用和管理有着深远的影响。专利申请能否获权、专利申请质量的高低、对企业研发成果保护的强弱，均取决于专利挖掘的实施情况。做好专利挖掘，有利于实现法律权利和商业收益最大化、专利侵权风险最小化的目标。但是，大多数企业，尤其是绝大多数中小型企业，在专利挖掘方面的经验相对较少，可以借鉴的资源也相对匮乏，短时间内难以在企业内部开展有效的专利挖掘工作，直接影响企业的专利工作，甚至影响企业的长期发展。

（2）挖掘类型。

根据挖掘方向的来源不同，高价值专利创造挖掘大致可以分为四种类型，具体包括：基于研发项目和创新点的专利挖掘、围绕技术改进的专利挖掘、针对规避设计的专利挖掘以及包绕竞争对手核心专利的挖掘。四种类型之间可能存在重叠，针对各类型的挖掘步骤还可以进一步细化。

1）基于研发项目和创新点的专利挖掘。

基于研发项目和创新点进行专利挖掘是指基于具体的技术攻关项目或者产品开发项目所进行的专利挖掘。此类专利挖掘是企业专利工作中最基本、最主要的类型。中国知识产权研究会寿晶晶针对高价值专利培育中的专利挖掘布局提出，该类型的重点步骤在于：①找出完成任务的组成部分；②分析各组成部分的技术要素；③找出各技术要素的创新点；④根据创新点总结技术方案。如图 3 -1 所示。

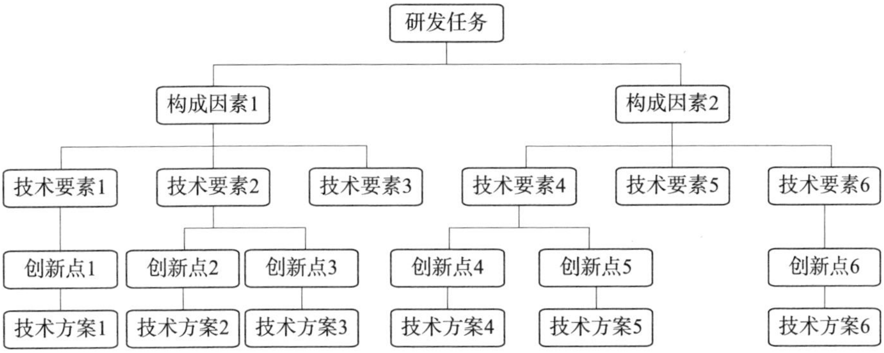

图3-1　基于研发项目和创新点的专利挖掘

2）围绕技术改进的专利挖掘。

围绕技术改进的专利挖掘是指为了解决产品存在的技术问题、缺陷或者不足所进行的专利挖掘，亦称技术问题主导型专利挖掘。在这种类型的专利挖掘过程中，应当紧扣相关的技术问题和缺陷开拓思维，围绕要素关系改变、要素替代、要素省略等方面充分进行横向发散思考和研究。

在对研发项目所要解决的技术问题进行确认后，需要对为解决技术问题采取的技术方案进行确认。在进行专利挖掘时，研发工程师基于技术问题往往会先提出一个具体的技术方案，针对该技术方案，企业可通过专利评审会或者技术发散会的形式引导研发工程师形成不同的或者质量更高的技术方案。在专利评审会或者技术发散会上，专利工程师基于其专业经验，从专利法的维度来审视技术方案是否具有可专利性：技术方案从整体上来看是否是一个非授权客体的算法；技术方案从整体上是否与现有技术构成实质不同，从而符合专利法所规定的新颖性、创造性等授权要求。与此同时，专利工程师还可以进一步引导研发工程师进行技术发散，形成可解决相同技术问题的不同技术方案。①

3）针对规避设计的专利挖掘。

规避设计，就是以现有专利技术为基础，运用各种方法对现有技术和自有技术进行改进，根据目的和手段等的不同，主要分为两个层级。一是

① 于海东．专利挖掘的策略和方法［J］．中国发明与专利，2019，16（02）：79-80.

避免侵犯他人的专利权，即改进后的技术方案不会侵犯他人的专利权，不存在专利侵权的风险。二是技术改进，即对相应技术进行各种改进，从而获得可以申请专利的技术方案，新得到的方案获得专利权的可能性高，可以将得到的技术方案提交专利申请。

侵权规避，主要是通过对自身技术的改变，使得自己的技术不侵犯他人的专利权。由于侵权判断时主要采用全面覆盖原则，因此，我们在对现有技术方案进行规避设计时，只要使新方案不覆盖原有权利要求的全部特征即可，此时就不会发生侵权的情形。

下面对侵权规避时可以采用的途径进行举例。例如，现有权利要求的技术方案 A，包括特征 a + b + c，此时进行侵权规避时，主要包括以下几种。①减少特征，即减少其中一个或多个特征。例如方案 B 可以包括特征 a 或特征 a + b。②替换特征，即将其中一个或多个特征替换为其他特征。例如方案 C 可以包括特征 a + b + d 或包括特征 a + e + f。③同类替换，即将其中一个或多个特征替换为相同类型的其他特征，而该替换后的特征又不落在原有特征的范围内。例如方案 D 可以包括特征 a + b′ + c，其中 b′是与 b 同类的其他特征。④变劣替换，即将其中一个或多个特征替换为效果不如原有特征的其他特征，使技术方案整体的技术效果同样变劣，但可以规避侵权的风险。例如方案 E 可以包括特征 a + b″ + c。⑤新的方案，即研发全新的技术方案，完全不涉及原有的技术特征。例如方案 F 包括特征 d + e + f。采用这几种侵权规避的方法，都可以获得不侵犯现有专利权的新方案，从而达到规避侵权的目的。

上面这些规避设计的方式，可以达到避免侵权的目的。但是，避免侵权并不是我们进行专利挖掘和改进的最终目的，我们的最终目的还是要使我们的技术方案获得专利权。因此，还需要对相关方案进一步改进，使其获得专利权的可能性大幅提高。

4）包绕竞争对手核心专利的挖掘。

包绕竞争对手核心专利的挖掘，是指针对竞争对手的技术或产品路线进行研究，进而制定相应的专利挖掘规划和技术研发策略，提前设置外围专利，干扰和遏制竞争对手的专利策略，形成“你中有我、我中有你”的专利态势，从而在该领域获得与竞争对手进行交叉许可的专利筹码。

例如，有一家欧美企业在日本特许厅申请了一种新概念自行车的专利。日本企业发现后，就抢先申请自行车脚踏板、车把手、车座等众多外围小专利。欧美企业想实施其新概念自行车的总体设计方案时，躲不开这些外围专利，只好与日本企业签订交叉许可协议。这就是典型的包绕竞争对手核心专利的挖掘。

上述第二至第四种类型的专利挖掘归纳来说都是基于已有方案的专利挖掘，根据寿晶晶的观点，其重点步骤在于：①对已有方案进行整体分析；②分析已有方案创新点及权利要求；③分析已有方案的实现方案；④寻找改进方案、替代方案或包围方案等。如图 3－2 所示。

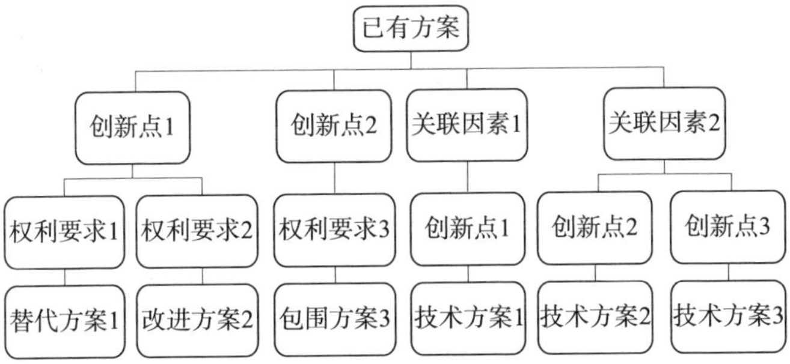

图 3－2　基于已有方案的专利挖掘

2. 专利布局

（1）定义。

专利布局是指企业综合产业、市场和法律等因素，将专利进行有机结合，涵盖了与企业利害相关的时间、地域、技术和产品等维度，构建严密高效的专利保护网，最终形成对企业有利格局的专利组合。作为专利布局的成果，企业的专利组合应该具备一定的数量规模，保护层级分明、功效齐备，从而获得在特定领域的专利竞争优势。

具有较强前瞻性、能够引领产业发展、有较高市场价值的高水准专利组合正是高价值专利中非常重要的一类。不少企业因为布局的随机性、分散性、盲目性，与高价值专利擦身而过。实际上，企业如果较好地掌握专利布局的方法并完成布局，则能够构建出强有力的、系统性的、有组织的、更具竞争力的专利组合，从而在市场竞争中占据先机，将高价值专利的价值效应充分发挥。

（2）布局类型。

专利组合本质上是一种专利聚集形态。专利组合的布局并不是毫无章法和规律的，而是一整套克敌制胜的组合拳，是一个具有强烈目标指向性的专利聚集过程。在专利组合的布局上需要考虑专利与时空的组合、与不同技术领域的组合以及与技术侧重点的组合。此外企业采取何种专利布局方式，能够从侧面反映一个企业的技术地位、研发实力和经济水平。专利布局从微观到宏观有如下五种典型的方法。①

1）地毯式。

地毯式专利布局是一种先发制人的专利策略。它强调的是专利的密集度。在目标技术领域的技术起步或略微成熟之际，未来技术研发方案尚未明朗，市场需求处于初级阶段，可形成类似于雷区的地毯式专利布局。对某一技术系统进行高密度的技术覆盖，可以形成致密的专利集群，阻断竞争者进入。即便有竞争对手强行进入，面对密度如此大的专利集群，其难免不踩到“地雷”。那么竞争对手进入该领域将会付出相当大的代价。地毯式专利布局也可由非实施实体（NPE）实施。专利的非实施实体购买大量某一技术领域的专利，从中寻找可用的诉讼专利，对目标企业进行专利诉讼获得高额赔偿。地毯式专利布局模式需要拥有足够的风险掌控能力和市场预测能力、充足的现金流支持以及强大的研发力量配合。

2）城墙式。

专利城墙又称专利围墙或专利“篱笆”。专利城墙式布局是一种先发制人的策略，一般是围绕己方核心专利进行的布局行为。一个企业拥有核心的产品专利或者方法专利不见得能高枕无忧，为了防止竞争对手在不同领域研发对其实施专利造成阻碍，企业会主动将核心专利相关技术申请专利。例如对于一项药品发明，企业会将其化合物、制剂、生产方法、产品用途、制药设备、制备方法、衍生产品可能的不同组分和配比的化合物甚至产品的外观设计等都申请专利保护，以防止竞争对手有任何刻意回避的机会。

3）路障式。

路障式专利布局是将实现某一技术目标必需的一种或几种技术解决方案申请专利，与规避设计是矛与盾的关系。专利权人想要保有技术和市场

---

① 黄晋. 专利组合价值指标评价体系构建研究［D］. 镇江：江苏大学，2014：20－26.

的竞争优势，就应该采取有效手段防止竞争对手进行针对性的规避设计，否则专利权人从专利权中获得的垄断性收益将会大大降低，起不到获得专利权应有的效果。路障式专利布局必须拥有一定的技术高度，针对特定产品领域设置技术栏杆，使得竞争对手难以采取规避设计。

4）围栏式。

围栏式专利布局又称包围式专利布局或外围专利布局，是一种针对竞争对手采用的反客为主的布局策略。采用该策略的企业研发实力相对较弱，针对目标企业拥有的研发优势和核心技术优势，采取以多个与核心专利相关的小专利包围竞争对手核心专利的方式。这些围栏式专利可能经济价值并不高，但却可以有效阻碍目标企业核心专利的商业实施。围栏式专利是对核心技术采取二次开发的手段，在核心专利技术原理的基础上进行再开发，或者对其专利产品各组件或其他生产设备等相关方面进行开发。利用围栏式专利包围核心专利，在实施层面上，很可能就使核心专利无法实施或最优化实施，造成该核心专利的价值锐减。当目标对手有核心专利时，可以通过围栏式专利布局迫使目标对手以核心专利换取交叉授权。反之，如果企业手中拥有核心专利，亦可利用研发先手优势，采用围栏式专利布局策略，构建围绕核心专利的外围专利，形成滴水不漏的防护网，以防竞争对手围栏式专利布局的威胁。

5）城堡式。

城堡式专利布局又称组合式专利布局，以各种结构和方式形成多层次、立体式的专利布局网，从而强化核心技术的保护力度，延长核心专利的保护时间。组合式专利布局方式较为灵活，上述的地毯式专利布局、城墙式专利布局和围栏式专利布局都属于组合式布局的策略。组合式专利布局可以根据实际情况，综合多种布局模式，在本企业技术领域的多个核心专利周围布局大量外围专利，将这些核心专利在技术上相互连接形成紧密的专利网络，阻绝竞争者可能的研发方向。

二、目标与时机

创造环节专利挖掘与布局工作的目标是从研发成果中提炼出具有专利

申请价值的技术创新点和相应的技术方案，其最终导向就是产出一件件高价值专利或组合。因此，该部分工作主要围绕以下三个方面进行：确认研发项目所要解决的技术问题、构建为解决该技术问题所采取的技术方案和甄别技术方案中的创新点。事实上，在研发链、价值链中存在大量能够创造高价值专利的可能性，因此高价值专利创造挖掘布局应当始终贯穿于研发链和价值链。

1. 关键时机

先来看看研发部门确认所要解决的问题（即挖掘）的时机。一般来说，研发过程会有如下几个阶段：预研阶段（专利信息分析）、立项阶段（侵权预警分析、规避设计）、研发阶段（专利科技情报分析）、研发结束（第二次侵权分析，以确定第一次分析到研发结束这段时间里是否有新专利出现）。在以上四个阶段中，每个阶段都可能是发现需要解决的问题的时间点。在预研阶段，专利部门负责提供专利信息，这时，可以尝试在所提供的专利信息的基础上，发现需要解决的新问题；在立项阶段，专利部门主要负责侵权预警分析、规避设计等工作，在规避设计时，规避设计本身的思路就是发现需要解决的问题；在研发阶段，专利部门负责提供专利科技信息，在利用这些信息解决研发困难时，分析是否可以做一些改进，这种改进或者与其他技术的结合也是需要解决的问题；最后，在完成阶段再进行一次总体性的分析，看看是否还存在遗漏的能够解决问题的技术方案，或需要对之前形成的技术方案进行修改。

那么，非研发部门能够发现需要解决的问题（即挖掘）的时机又是什么呢？非研发部门涉及整个产品的价值链，从供应、生产到发运、销售，再到服务，整个价值链都是发现需要解决的问题的时间点。例如，在产品运输过程中遇到了问题并解决了问题，这就是一个有价值的发现。

需要解决的问题主要来源于企业的项目研发，因此，从研发任务的角度出发也是发现问题过程中最主要的思考角度。对于研发任务，可以选择以技术功能组成或者技术架构组成作为出发点，从实现的技术功能和任务的技术组成部分出发思考问题出现在哪里，或者发现如果克服哪些问题，就可以实现技术或功能的突破；分析各技术组成部分并将其进一步逐一向下分解成各技术要素；针对各技术要素的实现是否存在问题，进一步寻求可能的解决方法。这一过程层次分明、系统直观，构成一个金字塔式结构。另外，如果我们幸运地发现了可以解决某一问题的某一技术方案，就可以发散一下，去想想这种解决问题的技术方案还与哪些技术因素相关联，是否可以应用到这些相关联的技术因素中。针对相关联的技术因素，适当进行扩展延伸，找出可能存在的应用于其他环节的其他技术方案。

2. 协作机制

为了使研发工程师能够清楚地了解什么样的技术方案可以申请专利，专利工程师有必要对其进行必要的专利知识培训；同时，为了使研发工程师能够高质量地提交技术方案，专利工程师应当制定一份通俗易懂的技术交底书，并要求研发工程师按照技术交底书的要求提交技术方案。技术交底书应当包括提交专利申请时所需要的主要内容：发明所属的技术领域；背景技术情况及背景技术存在的缺陷（意在引出发明所要解决的技术问题）；发明的目的（即发明所要解决的技术问题）；发明内容（即为解决技术问题所采取的具体技术方案）；具体的实施方式。技术交底书是申请环节的基础，下一章将进一步介绍关于技术交底书撰写的主要内容。

全面准确掌握企业基本状况对于专利工程师主导开展高价值专利创造挖掘来说至关重要。全面了解和掌握企业技术研发、商业运营等方面基本状况的意义在于提前熟悉并明晰即将展开的专利挖掘工作所处的基本“地形”。一般而言，需要提前掌握的基本情况主要包括如下几个方面：企业的整体战略定位和未来发展方向，包括当前阶段任务和远期规划目标等；企业自身产品和技术的特点、优势、劣势以及企业在行业中的地位；相关技术研发部门/项目组的技术研发内容、进展情况，特别是重点研发项目的内容和进展；相关技术研发部门/项目组中研究人员的工作内容、职责、专业、特长、产出专利的可能性、产出专利的类型、在技术研发中的地位和作用、对技术方案挖掘能否发挥催化作用等；企业内部包括市场销售部门、售后服务部门等的人员及业务情况，了解是否存在提供技术方案的可能。

做好技术方案收集工作的前提，一方面是要求参与专利挖掘的人员全面了解和把握企业技术研发、商业运营等方面的战略、现状、组织模式等基本状况；另一方面是要求企业专利部门结合企业组织运行架构设计建立符合企业内部运行机制的技术方案提交和收集机制。在此基础上，开放而无偏见地广泛收集技术方案。

建立技术方案收集机制可以从以下三个方面入手。一是深入一线，利用专有技术统计法、研发项目跟踪法、情报信息提供法、个别讨论法等方式，与研发人员面对面交流与沟通，只有这样才能充分地挖掘出完整的技术方案。二是建立专门渠道，建立企业专利管理信息化业务系统，使用专人、专邮箱、专线电话等。建立专利创意收集系统，融入企业的自动化办公系统，让员工可以轻松找到入口。这样，员工一旦有了好的专利创意，可以随时上线填写提交给专利部门进行处理。三是统一规范，填写《技术方案提交表》，既可以规范技术方案的提交内容和撰写形式；又可以采集管理技术方案的必要信息，便于后期的分析和统计；还可以整合内部研发资源，防止重复研发和重复申请专利。将《技术方案提交表》中包含的数据项目，纳入企业的专利信息管理数据库，或制作 Excel 格式的管理表格，以实现对技术方案的有效管理。表格中有三方面内容比较重要：①发明运用的产品或领域，有利于进行后期的分类和挖掘外围专利；②有关竞争对手，有利于确定后期现有技术；③本发明核心思想，有利于了解本发明的发明点。

在产生了技术方案之后，我们需要做技术分析，使技术方案清晰化，以便寻找最接近的现有技术进行比较，提炼发明点，概括必要技术特征；需要知己知彼，进行现有技术检索，确定侵权风险；需要整合一些专利的知识和专业技术知识，从而开展规避设计，通常是在专利工程师和技术人员的合作下完成的，也可以先由专利工程师和技术人员一起讨论出可行的思路，再由技术人员具体负责实施。

三、创造环节培育

创造环节高价值专利培育主要体现在专利挖掘与布局的具体实施。一般应当由企业的专利工程师主要负责，同时还需要技术研发人员以及提供专业服务的外部专利代理师的密切配合，各司其职，协同工作，组成一个基本完整的团队。其中，企业专利工程师和技术研发人员是高价值专利创造、挖掘与布局最基本的实施主体。

1. 企业专利工程师

企业内部的专利工程师，是专利挖掘与布局工作的灵魂人物，尤其是在后面两类参与人员之间起着不可或缺的桥梁和纽带作用。

在某种意义上，专利工程师是高价值专利创造、挖掘与布局工作的项目经理，需要站在全局性的高度，负责统筹规划整个专利创造、挖掘与布局工作。具体而言，专利工程师要负责完成至少以下三个方面的工作：第一，制定并推进专利挖掘的实施计划，确保整个项目的进度和效果；第二，要能够有效地引导内部技术研发人员和外部专利代理师紧紧围绕挖掘项目进行思考和创新，例如提炼核心关键点、引导发散性思维和聚焦、指导技术方案及技术问题的分解等；第三，对专利挖掘输出文档的质量进行把关和控制。

正因为专利工程师要完成以上各项直接影响专利挖掘与布局工作质量的重要工作，因此，企业对专利工程师的综合素质要求很高。专利工程师不仅应当具备专利相关专业技能、能够理解企业商业经营模式以及企业的产品和技术，同时还要具备一定的项目管理和协调能力，以及系统性的思维能力和思考能力。

对于高科技企业尤其是创新能力较强的业内领先企业而言，专利工程师整体素质的高低，直接决定了这个企业通过专利保护其技术创新成果的能力，进而影响其核心竞争力的培育；对于商业模式受专利影响较大的企业而言，甚至可以说关乎企业的生死存亡。因此，企业应当对专利工程师的配备和培育给予高度重视。

2. 企业技术研发人员

在高价值专利创造、挖掘与布局工作中，企业内部的技术研发人员主要是从事专利创造、挖掘与布局过程前端的工作，即在专利工程师的引导下，梳理提出具有创新意义和商业价值的技术方案，并撰写相应的技术交底书，同时协助专利工程师进行技术分解。

参与专利挖掘与布局的技术研发人员，应当具备一定的专利基本知识和技能，能够较好地理解专利法所要求的“专利三性”（新颖性、创造性和实用性）的基本含义，能够把握技术交底书“三个基本要素”（技术问题、技术方案和技术效果）之间的关系和表达技巧。

由于技术研发人员承担着提出创新性技术方案和撰写技术交底书两大重任，因此，在参与专利创造、挖掘与布局工作之前，应当对相关技术研发人员进行针对性较强的专门培训，加强对专利的理解和把握，提高文档撰写水平，以便在源头上提高高价值专利创造、挖掘与布局过程的效率和输出成果的质量。

3. 外部专利代理师

在高价值专利创造、挖掘与布局工作中，企业外部的专利代理师则是利用其在专利申请文件撰写、专利诉讼等方面丰富的专业经验，从如何构建强大而稳固的专利权利保护范围的角度，将技术研发人员提出的技术创新方案转化成具有法律效力的专利申请文件，最终实现技术创新成果法律化、权利化的转变，获得法律赋予的垄断性专利保护。

多数专利创造、挖掘与布局的实践中，外部专利代理师更多的是负责专利挖掘与布局过程的后端工作，基本上不参与前端的工作。这种模式在很大程度上直接影响了外部专利代理师对于专利挖掘项目尤其是技术和产品的创新发明点的深度理解，使专利挖掘与布局的质量乃至专利申请文件撰写的质量大打折扣。现在，已经有越来越多的企业专利工作者意识到了这一点。因此，外部专利代理师逐渐深度参与到企业的专利挖掘与布局的全过程，尤其是深入到专利创造、挖掘与布局过程的前端工作，直接与技术研发人员讨论和提炼技术创新点。实践中，甚至有一些企业直接将整个专利挖掘与布局项目整体外包给外部的专利代理机构，以确保重大研发项目的专利布局保护力度和效果。但这种模式的实施前提是企业专利工程师专利挖掘与布局的专业水准低于外部专利代理机构。

总的来说，专利的发明人通常为企业研发人员，受岗位、职责以及知识背景的限制，发明人通常会更加侧重于针对具体问题进行技术研发、提出解决方案，而不能针对具体的技术发明点进行有效、合理的挖掘和布局，这就需要知识产权服务机构和知识产权服务人员的帮助与指导。随着当前知识产权服务的进一步细分，知识产权服务人员应该利用更加专业的专利挖掘与布局的方法帮助发明人对本领域的专利进行整体分析，识别本领域的技术热点，并且对未来的技术发展进行预见，围绕重点竞争对手进行针对性布局，协同形成竞争优势，同时在专利布局上形成有纵深、有层次的全方位、立体化、多维度的布局方案，充分发挥专利组合和专利族的优势。

第二节 案例分析——DNA 重组技术中蛋白的重组表达

审协广东中心的全资公司广州中新知识产权服务有限公司，曾为某大学开展有效发明专利价值评估及分析，并就高价值专利组合的技术研发路线及布局进行研究，以下择一案例作为创造环节中高价值专利创造和培育的实践案例进行具体介绍。

一、专利基本信息

对于该大学储备的有效发明专利，经评估，专利号为 2013××××4454.8 的专利作为生物医药领域的典型高价值专利，与专利号为 2013××××4451.4、2012××××0254.1、2008××××8926.0 的专利形成系列主题相关专利，构成局部的专利组合，该专利组合的基本信息如表 3-1 所示。

表 3-1 专利组合的基本信息

专利号	申请时间	技术主题	技术领域	专利价值度
2013××××4454.8	2013 年	一种改善蛋白质可溶性表达的方法	C12N15/10	80.0
2013××××4451.4	2013 年	一种 CVN 突变体的编码序列及其应用	C12N15/31	78.4
2012××××0254.1	2012 年	一种编码重组融合蛋白的基因及其应用	C12N15/62	41.1
2008××××8926.0	2008 年	一种重组 CVN 的制备方法及应用	C12N15/70	55.0

上表中四件专利申请时间不同，但均属于相同的技术领域（C12N15），涉及 DNA 重组技术中蛋白的重组表达，尤其涉及密码子优化或翻译暂停这一技术主题，上述专利就相同主题在上、下游细分技术领域形成了局部的专利布局。

二、指标分值概览

然而，这四件专利的专利价值度却不尽相同，通过其价值评估的专家意见，我们可以看到其中的差异。如表 3－2 所示，这四件专利在法律价值度和技术价值度方面的差异较为显著，在经济价值度上差异不大，故下文从法律价值度和技术价值度比较四件专利的差异。

表 3－2　四件专利各项指标比较

专利号	法律价值度	技术价值度	经济价值度	专利价值度
ZL2013××××4454.8	72.0	84.0	88.0	80.0
ZL2013××××4451.4	72.0	80.0	88.0	78.4
ZL2012××××0254.1	24.8	37.0	82.0	41.1
ZL2008××××8926.0	40.0	53.0	88.0	55.0

三、指标具体分析

1. 法律价值度指标分析

影响法律价值度的细分指标为六个，包括不可规避性、专利侵权可判定性、稳定性、专利寿命、依赖性和多国专利。上述四件专利在法律价值度中差异较大的是稳定性指标，其次为专利寿命指标。专利寿命是指基于一项授权的专利从当前算起还有多长时间的保护期，该指标属于客观性指标；而稳定性是指一项被授权的专利在行使权利的过程中被宣告无效的可能性，稳定性主要体现为授权权利要求的保护范围的大小，稳定性指标分数及专家意见如表 3－3 所示。

表 3－3 四件专利的稳定性

专利号	稳定性	专家意见
ZL2013××××4454.8	10.0	非常稳定，方法权利要求及其限定的产品权利要求，形成权项梯度保护，层级严密。同时，本发明方法限定了具体设计密码子更换位置和间隔，以及个别氨基酸的缓慢密码子，因而不易被宣告无效
ZL2013××××4451.4	10.0	非常稳定，CVN 突变体的核苷酸序列经过特殊碱基设计，改进点在于设计的方案，不同于其他的 CVN 蛋白
ZL2012××××0254.1	4.0	相对稳定，本发明改进点在于重组人 TNFR－Fc 融合蛋白的基因序列 SEQ ID NO.1 经密码子优化而得，其结果具有一定的预期性
ZL2008××××8926.0	7.0	相对稳定，载体含有 CVN 和分子伴侣 SUMO 的核苷酸序列，开放式权利要求，无诉讼、被宣告无效和复审风险

具体而言，ZL2013××××4454.8 的权利要求书中有 10 个权利要求，其包含 4 个独立权利要求，覆盖了方法、产品、应用的保护主题类型，并通过从属权利进行逐层限定，形成了层级严密的梯度保护范围，不易被宣告无效。根据打分操作要求，发明专利保护范围、权利要求数量等方面稍有加分，稳定性指标综合得分为 10.0 分，对于多国专利作为加分项处理。其他细分指标情况如图 3－3 所示。

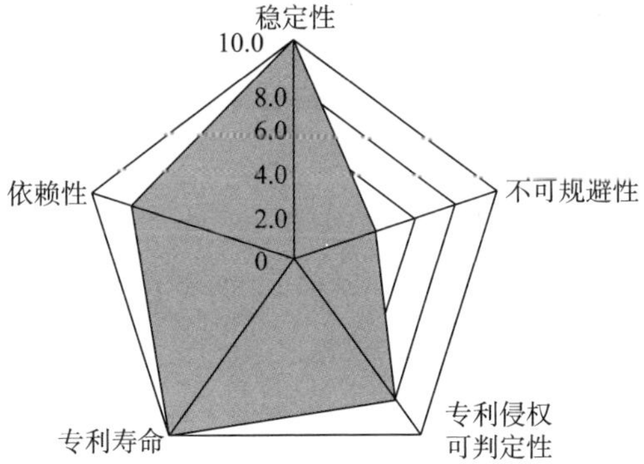

图 3－3 法律价值度指标得分情况

ZL2013××××4451.4 的情况与上述专利类似。ZL2012××××0254.1 在稳定性指标上得 4.0 分，具体理由如下：ZL2012××××0254.1 权利要求 1 所述的序列以及后续权利要求所述的发酵方法与审查员在第一次审查意见通知书中引用的对比文件有所不同，但在技术效果表达、证据支撑方面存在短板，综合考虑，需要在基础分上给出减分评估。

2. 技术价值度指标分析

影响技术价值度的细分指标为五个：先进性、可替代性、适用范围、实施难度和成熟度。其中先进性是技术价值度中最为重要的指标，其可通过创新高度、技术问题和技术效果三个下级指标来体现。上述专利组合中ZL2008××××8926.0是最早申请的专利，其发明改进点在于蓝藻抗病毒蛋白（CVN）和分子伴侣蛋白SUMO的融合表达，利用分子伴侣蛋白的作用，解决了CVN蛋白在原核表达系统中的可溶性表达这一技术问题，提高了CVN蛋白表达量并保证了CVN蛋白的正确折叠。ZL2012××××0254.1为在后申请，其发明改进点在于通过密码子优化筛选得到人TNFR－Fc融合蛋白在CHO细胞中的表达，申请人在答复审查员审查意见通知中陈述了翻译暂停位点的设计，然而却并未明确记载在说明书中。ZL2013××××4451.4与ZL2013××××4454.8的申请日相同，两者均记载了利用翻译暂停原理对蛋白编码核苷酸序列重新设计和优化，增强蛋白的可溶性表达效率；ZL2013××××4451.4侧重于CVN突变体的设计和优化，而ZL2013××××4454.8侧重于翻译暂停位点的设计，后者具有更广的适用范围。

四个专利在技术价值度中差异较大的是先进性指标，其次为适用范围指标。如前所述，先进性是一个相对概念，为了避免主观性过强导致先进性指标评价不准确，故通过创新高度、技术问题、技术效果体现专利的先进程度。先进性指标分数如表3－4所示，ZL2013××××4454.8和ZL2013××××4451.4具有较高的先进性，属于显著创新；ZL2008××××8926.0次之，属于一般创新；ZL2012××××0254.1在法律价值度的分析中可知，属于微小创新。

表3－4 四件专利的先进性

专利号	先进性	创新高度	技术问题	技术效果
ZL2013××××4454.8	8.8	9.0	8.0	9.0
ZL2013××××4451.4	8.8	9.0	8.0	9.0
ZL2012××××0254.1	2.2	2.0	2.0	3.0
ZL2008××××8926.0	4.2	4.0	4.0	5.0

具体而言，ZL2013××××4454.8 作为高专利价值度的代表，其对于本领域的异源蛋白的可溶性表达具有显著的意义，尤其对于提高膜蛋白等不易表达或纯化的蛋白及商业上高价值蛋白的产量意义重大。该专利技术不依赖分子伴侣折叠的蛋白质（如 ZL2008××××8926.0 依赖 SUMO 分子伴侣辅助折叠），无须加入变性剂，亦无须助溶标签，而是通过重新设计编码蛋白质的核苷酸序列，增强其可溶性表达的效率，并且创造性地提出了“不允许两个缓慢翻译的密码子相邻，相邻两个缓慢翻译的密码子之间的间距不能超过 9 个密码子”，以及个别氨基酸的缓慢密码子间隔和位置等技术研究成果，具有较高的创造性，因而属于显著创新，得 9.0 分。同时，该专利技术不依赖于现有技术提高外源蛋白可溶性表达效率的常规技术手段，而是借鉴翻译暂停理论，另辟蹊径地解决了现有技术中普遍存在且长期想要解决的技术问题，显著提高表达效率，技术效果突出，因而技术问题指标得到 8.0 分，技术效果指标得到 9.0 分，综合加成计算，先进性得分为 8.8 分。其他细分指标情况如图 3-4 所示。

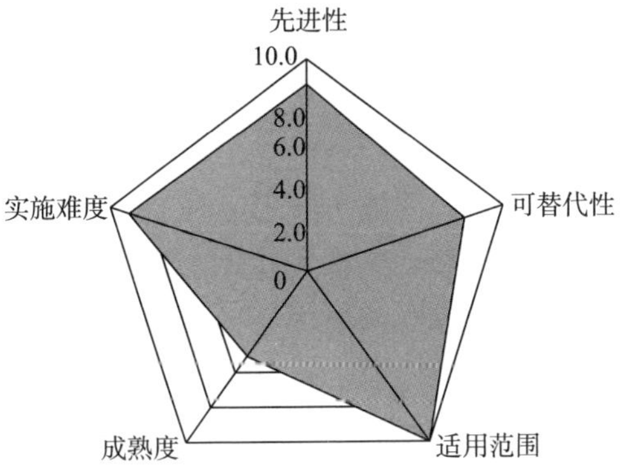

图 3-4　技术价值度指标得分情况

ZL2013××××4451.4 与 ZL2013××××4454.8 类似，差异在于前者针对 CVN 突变体序列的进一步优化，技术领域单一；而后者不仅针对 CVN 突变体，还可适用于其他的外源蛋白及其他表达系统，也就是说后者适用的技术领域范围更广，因而对于适用范围指标，ZL2013××××4451.4 得 4.0 分，ZL2013××××4454.8 得 10.0 分。

ZL2008××××8926.0 属于早期专利，其主要通过分子伴侣构建 CVN

融合蛋白来辅助 CVN 蛋白折叠的技术手段，解决了原核表达系统中的形成包涵体不利于纯化、蛋白折叠等问题，其融合蛋白序列虽然经过密码子优化，但是说明书中并未体现密码子优化是采用翻译暂停理论而设计，现有技术中对于密码子优化、融合蛋白的构建及分子伴侣 SUMO 等均已有较多的教导，故该专利技术解决的技术问题属于现有技术中已意识到并已有解决方法的技术问题，但该专利技术的关键点在于实现了在大肠杆菌细胞质中的可溶性表达 CVN，并且表达效率提高了 40%，技术效果显著，因而，综合加成计算该专利技术先进性得分为 4.2 分。

ZL2012××××0254.1，如前所述，属于微小创新，综合加成计算，该专利技术先进性得分为 2.2 分。

四、高价值度专利组合的技术研发路线及布局

由上述分析可见，由这四件具有代表性的专利组成的专利组合涉及蛋白表达中常用的“密码子优化”这一技术，传统的密码子优化方法已在现有技术中蛋白异源表达领域有着广泛的报道和应用。本领域已公知不同物种的基因在密码子使用上存在着明显的偏好性，甚至同物种内不同功能的基因其密码子使用频率也存在较大的差异，密码子偏爱性对重组蛋白的异源表达具有深刻和复杂的影响。和密码子偏爱性类似，不同生物的密码子对使用频率之间也有明显差异，具有各自的密码子对偏爱性①。Hatfield 等利用密码子对偏爱性，发明了一种新型的基因设计优化方法 CODA（Computationally optimized DNA assembly）；Coleman 等表明密码子对偏爱性与蛋白表达存在明显的相关性，通过对密码子对偏爱性进行优化能够提高异源表达重组蛋白；Angov 等提出了一种被称为密码子协调化（Codon harmonization）的密码子优化规则。尽管 Trinh 等在 2004 年就已提出对于表达的融合蛋白可能在接头处不需要翻译暂停太长时间，但是对于翻译暂停的机制及其定位有关的认识还是有限。直到 2009 年 Zhang G（张弓）等指出翻译

① 蔡海莺，李杨，张辉，等. 基因设计对重组蛋白表达的影响研究进展［J］. 生物工程学报，2013，29（9）：1202－1207.

过程中的暂停是指导蛋白质折叠的重要因素，不同的密码子的翻译速度不同，蛋白质的空间结构不仅由氨基酸序列决定，也由 DNA 序列所决定，该研究成果发表于同年的 *Nature* 杂志子刊上。后来 Jonathan S. Weissman 等利用细菌核糖体保护的 mRNA 片段深度测序及核糖体图谱，做了一个翻译暂停有关的全基因组分析，进一步证实了在核糖体中蛋白质合成虽然发生在一个线性底物上，却以不均匀的速率进行，核糖体的短暂停留能够影响许多联合的翻译过程，包括蛋白定位及折叠，该研究成果发表于 2012 年的 *Nature* 杂志上。

可见，上述专利组合所代表的技术研发路线也同样反映出 DNA 重组技术在蛋白质异源表达调控方面的局部技术发展路线，如图 3－5 所示，ZL2008××××8926.0 是 2008 年申请的早期基本专利，到 2012 年开发出 ZL2012××××0254.1 衍生专利，再到 2013 年开发了核心专利 ZL2013××××4454.8以及外围专利 ZL2013××××4451.4，体现出了“密码子优化”技术在蛋白异源表达上的技术迭代，同样也形成了有效的专利外延和拓展。

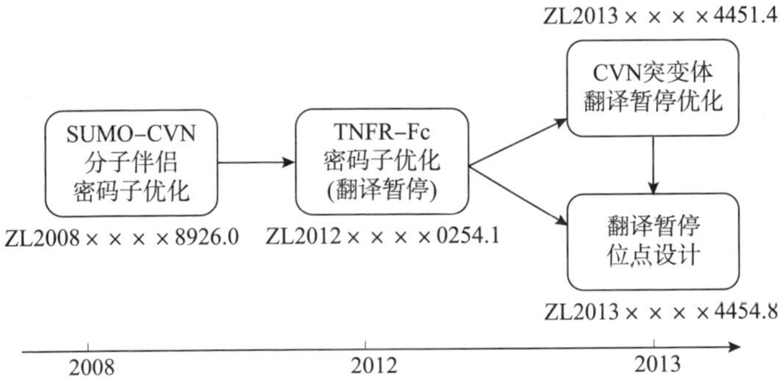

图 3－5　技术研发路线图

事实证明，专利申请的撰写水平对于发明，尤其是具有显著创新的发明，至关重要。在申请专利时其权利要求请求保护的范围不宜过小。同时，对于关键专利、核心专利等重要专利应注重围绕其进行相关专利技术布局和地域布局，可以借鉴杨斌等提出的“扩展布局法”和“迁移布局法”等方法进行全面的专利技术布局。如图 3－6 所示，扩展布局法强调的是保护发明的技术思想，而非单一的技术方案，适合于核心或基础发明的专利布局；如图3－7所示，迁移布局法强调的是将发明涉及的内容延伸覆盖到其他产品、方法、技术及可能涉及的应用领域，逐步扩展核心发明所覆盖的技术领域①。这两种方法尤其适用于上述高价值度专利技术的立体化、全方位、多角度布局。

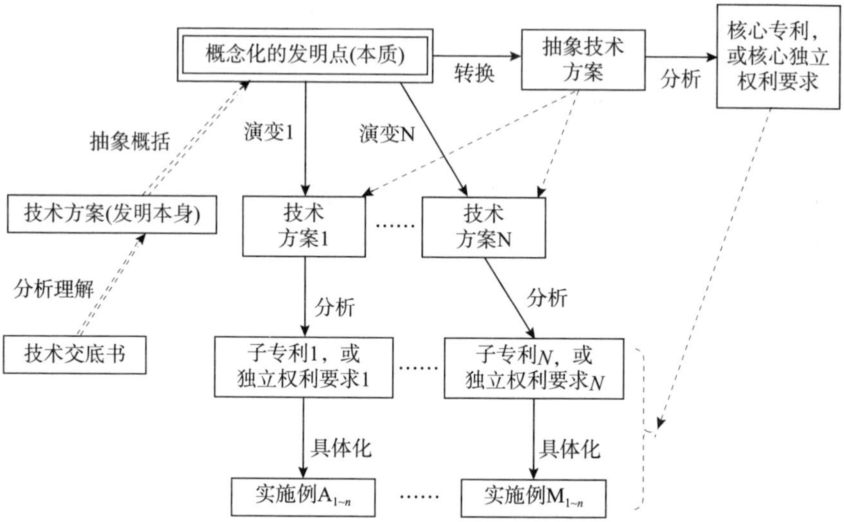

图3－6 扩展布局法的过程模型

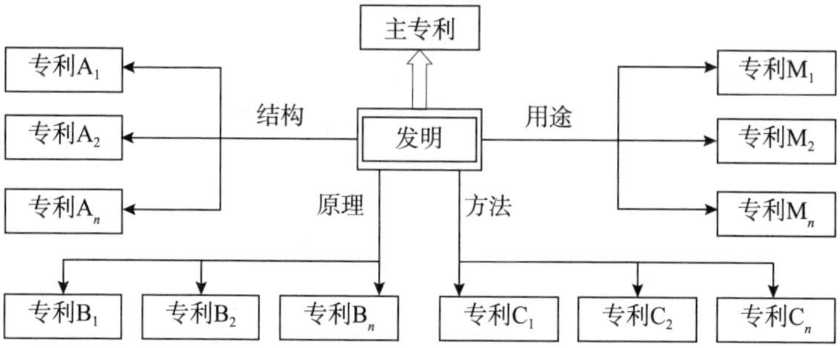

图3－7 迁移布局法的过程模型

① 杨斌. 专利布局设计方法浅析：2014年中华全国专利代理人协会年会第五届知识产权论坛论文集［C］，北京：知识产权出版社，2014：315－317.

第四章

高价值专利创造和培育之申请环节

第一节　创造和培育策略

一、申请环节要点

如果将一件高质量的授权专利比喻成一件精美的工艺品，那么好的技术方案就是制作该工艺品的原材料。当对有效的发明专利进行挖掘和相应的专利布局以及进行一系列有效的防规避设计后，专利发明人通过技术研发得到新的技术方案，就相当于准备好了制作工艺品的原材料。而在申请环节，专利代理师的撰写和提炼就相当于是对原材料的进一步加工和塑造，所以说高质量的申请是创造和培育高价值专利的重要一环[①]。

1. 申请过程

一份高质量的专利申请文件，最基本的要求就是其必须严格符合《专利法》和《中华人民共和国专利法实施细则》（以下简称《专利法实施细则》）的相关撰写规定，不能存在说明书对技术方案公开不充分、权利要求的保护范围不清楚、权利要求得不到说明书的支持等重大缺陷。专利申请过程一般需要经过如图 4－1 所示的三个步骤。

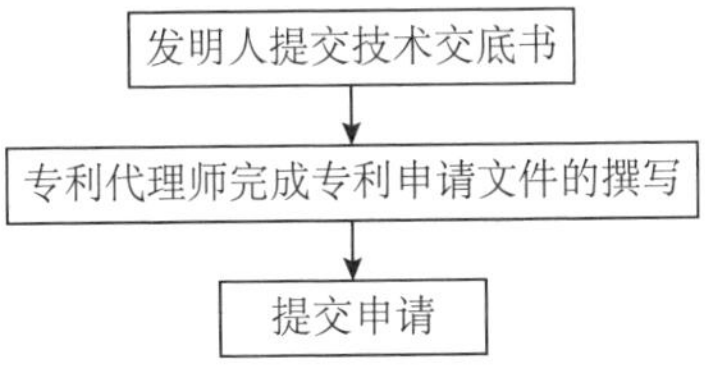

图 4－1　专利申请过程

① 韩福桂，佟振霞．高质量专利的成长之路［J］．中国发明与专利，2016（3）：59－62．

在上述三个步骤中每一个环节均会存在影响专利申请质量的因素。例如，创新主体所提交的技术交底书是否规范，是否能比较清楚、详细地记载其整个发明构思的技术方案；专利代理师是否具备相当能力的检索水平、是否能根据自身的知识储备对技术交底书进行有效的抽象提炼和概括，撰写的权利要求的保护范围是否恰当、合理；专利的类型以及申请文件的递交时间是否经过合理的选择和考量等。同时，由于在整个申请流程中会涉及创新主体、专利代理机构、知识产权服务机构和知识产权管理部门等多个主体，各个主体之间并不是独立工作的，而是需要进行多方配合，所以各个主体之间能否进行高效、顺畅的沟通也是影响专利申请质量的一个重要因素。

2. 准备高质量专利申请文件

一份高质量的专利申请文件还必须具备以下特点：①合理选择专利类型；②发明名称和摘要在可以记载其主要技术方案的情况下所包含的有效信息应尽量少；③权利要求书依据说明的记载进行适当、合理的概括、提炼和挖掘，独立权利要求的保护范围合理、恰当，且尽量从多个不同的角度和不同的层次（如产品和方法、装置零部件与设备整体、方法与应用等）对整个技术进行充分保护；④各从属权利要求之间保护范围层次分明，且各从属权利要求能与独立权利要求共同构成完整的权利保护体系等①。因此，针对常规专利的申请流程，要想完成一份高质量的专利申请文件可以从以下几个方面着手。

（1）规范、完整的技术交底书。技术交底书是对一项发明构思最直接的文字体现，同时也是申请人与代理机构/专利代理师之间进行有效沟通的最基础性文件，技术交底书的内容和质量对专利代理师撰写申请文件的质量具有直接的影响。一份不完善的技术交底书会大大提高撰写成本，甚至严重影响申请文件的撰写质量。一般认为，技术交底书的最低公开内容应足以指导专利代理师把握正确的撰写方向和重点。因此，最低公开内容应当包括技术方案导引、发明创造能够解决现有技术的何种技术问题、为

① 李宁馨，张艳，蒋碧珠．从提高专利质量的角度看如何撰写专利申请文件［J］．中国发明与专利，2013（3）：61－63．

解决该技术问题具体采用了何种技术手段、能够解决该技术问题的合理推理，以及具体实现发明创造所需要的其他内容①。技术交底书应对申请人的发明构思进行全面、完整的记载，其不能是一个只有粗略概括框架的构思，更加不能是一个没有任何实施手段的简单概念。在最低公开内容的基础上，要想获得一份高质量的申请文件，必须要求申请人对技术交底书的各个组成部分有较为清楚的了解和掌握。通常高质量的技术交底书应包含以下特点：充分描述背景技术；准确界定发明点、创新点；充分公开技术方案，描述设计思路；详尽描述技术效果；提供足够多的实施例以支撑技术方案的保护范围；技术方案用词准确、没有歧义；绘制附图补充描述技术方案；发明可能的实施方式和实施例②。

（2）委托具有高水平的代理机构。代理机构在专利申请中的扮演重要角色。一份完整的技术交底书不等同于一份高质量的专利申请文件。专利代理师的撰写过程是一个将纯技术性的文件转变成一个兼具法律性和技术性的文件的过程。在这一过程中，专利代理师自身知识储备的全面性、对相关技术领域技术发展的敏感性、申请文件的撰写水平以及个人职业素养起到非常关键的作用。

一般高质量权利要求撰写的主要流程如图 4－2 所示③。从图中可以看出，要想获得一份高质量的申请文件首先要求专利代理师具有相当扎实和丰富的专业背景知识，能够充分理解技术交底书中的技术方案；其次还需要专利代理师必须具有较好的检索查新能力，通过检索和查新能充分地了解相关行业或领域内的技术发展状态与水平，这样才能对创新主体发明构思的创新高度具有合理的预期与评估；另外，在申请文件的具体撰写过程中，专利代理师还应当根据检索查新对技术交底书的内容进行深层次的发掘、归纳、分析、推导以及概括总结，努力寻求保护层次更加丰富、保护范围更大的权利要求保护范围。

---

① 逯长明．获得高质量专利申请文件的几个措施［J］．电子知识产权，2005（1）：55－57．
② 赵跃．专利技术交底书对专利申请文件撰写的作用［J］．专利代理，2018（1）：51－60．
③ 马天旗．高价值专利培育与评估［M］．北京：知识产权出版社，2018：72－73．

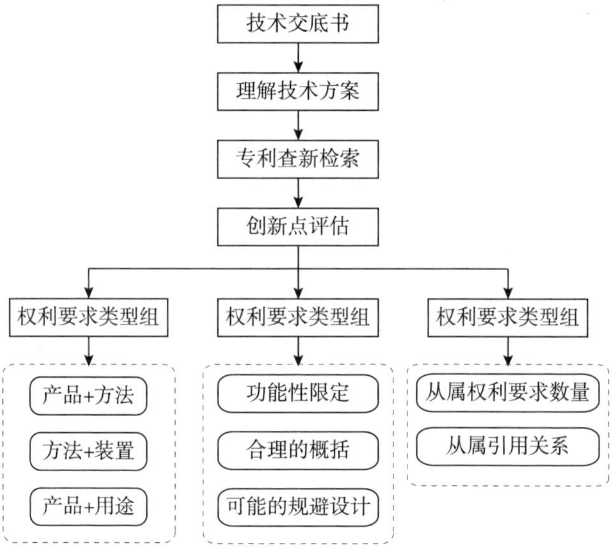

图 4-2　高质量的权利要求撰写的主要流程

在发明创造的实际过程中发明人往往追求的是最优技术方案，这种“最优化方案”的选择通常会导致发明人在撰写技术交底书时只写“终点方案”（“最优化方案”），而放弃了很多“过程方案”（技术效果好于现有技术但又差于“终点方案”的一些方案），导致发明人往往都是“点”的思维；而专利代理师则通常需要在申请人“点”思维的基础上进行充分发散和对该思维进行进一步抽象与概括，形成一种抽象思维和“面”的思维。这一过程就是在申请人所提供的单一技术方案的基础上去构建一份方案体系，该方案体系中不仅包括“终点方案”，同时还应该包括多种“过程方案”或“过渡方案”，从而使得权利要求的保护范围最大化①。专利代理师所撰写出的独立权利要求要充分体现该项发明创造的核心思想，而且还要尽量不包括其他任何非必要技术特征，独立权利要求的保护范围合理、恰当；各项从属权利要求的引用关系也应该层次清楚、合理规范，从属权利要求之间各不同技术方案的保护范围能有序层层递进。

同时，在专利代理机构的内部也应该设置相应的考核机制以及完备且

① 王艳，黄熊. 发明人与专利代理师的思维差异及融合之道［J］. 电子知识产权，2014（1）：95-96.

执行规范的管理流程，能够对专利申请文件撰写的各个环节进行实时监控、把关和反馈。在专利申请文件撰写完成后，该申请文件还需要进一步返还给申请人和代理机构的相关主管部门进行审核，审核的基本原则应当包括匹配原则、镶嵌原则和替换原则①。

（3）高效、顺畅的沟通。技术交底书仅仅是创新主体与专利代理师之间进行交流的最基础的文件。在专利申请文件的形成过程中，各创新主体、专利工程师与专利代理师之间除了要各司其职外，还应该建立高效、顺畅的沟通渠道。由于发明人、专利工程师或知识产权法务人员以及专利代理师等各个主体所处的职业不同，且均具有各自的局限性，因此各方之间的职业习惯和思维模式都会存在很大的差距。通常，发明人对技术本身的理解最为通透和彻底，其往往更加关心解决技术问题的“终点方案”；而专利代理师则对《专利法》和《专利法实施细则》等法律文件更为熟悉，其通常需要将发明人的“点”思维发散成“面”思维，在这一思维的发散过程中就需要双方不断地进行沟通与交流。此时，专利工程师或知识产权法务人员可以作为发明人与专利代理师之间沟通的桥梁，三者之间相互协作，充分进行沟通与交流，这样才可以为技术交底书转变成高质量的申请文件提供有力的保障。

（4）合理选择专利类型。我国的专利包括发明、实用新型和外观设计三种类型。虽然发明专利的保护期限较实用新型专利和外观设计专利的保护期限更长，且其审查过程也更加严格，但这并不意味着发明专利的价值和质量就必然高于实用新型专利和外观设计专利。根据发明人所提供的技术交底书，专利代理师在开始撰写申请文件之前必须要进行有针对性的检索和查新，充分了解该技术领域现有技术的发展现状，并根据检索结果来评估该发明构思自身的创新高度、判断其是否属于具有较好市场前景的热点技术以及合理预期该项技术所能产生的市场经济价值，然后再综合各项因素来合理选择专利的类型。对于当前明显具有较好市场价值但创造性高度不够的发明创造，如小发明大价值类的发明创造，则可以选择申请实用新型专利，使其能够快速获得授权，进而避免造成不必要的经济损失；对

---

① 逯长明．获得高质量专利申请文件的几个措施［J］．电子知识产权，2005（1）：55－57．

于目前暂不符合市场需求但未来可预期其具有较高市场价值的发明创造，或者是本身具有较高创造性的前沿性科技研究的发明创造，则可以选择申请发明专利。总之，应该根据要技术方案的特点、申请人对专利的不同需求以及不同类的专利的特点来确定要申请的专利的类型。更稳妥的方式是，在同一天同时提交发明专利与实用新型专利申请，这种方式的优点是可以充分利用发明专利较长的保护期限、实用新型专利能够较快获得授权的优势，确保高质量技术最终获得保护，但存在申请费用增加的客观现实问题。

3. 权利要求及说明书

高质量的专利申请要求权利要求及说明书也是高质量的，也就是要有高质量的技术方案。这体现在前面的挖掘与布局及技术研发上，能最合适、最优化地呈现要保护的技术方案范围。

从权利要求的内容来看。一是保护客体（即技术方案）需要符合专利法关于发明的定义，不属于违反法律、社会公德或者妨害公共利益的发明，不属于科学发现、智力活动的规则和方法、疾病的诊断和治疗方法、动物和植物品种、用原子核变换方法获得物质及原子核变换方法。二是符合新颖性、创造性、实用性要求，存在具备创造性的权利要求，至少说明书中包括具备创造性的技术内容。三是范围清楚，包括：①符合汉语表达习惯，清晰易懂，无歧义；②同一权利要求内及权利要求之间的技术逻辑无误；③使用通用技术术语，且其含义与本领域通常的含义一致；④使用自造技术术语时，对其进行定义；⑤不使用“例如”“最好是”“尤其是……必要时”“等”“或类似物”“约”“接近”等表达方式；⑥除绝对必要，不使用“强”“弱”“高”“低”等表示程度的词，至少应在说明书中进行解释；⑦不可避免地使用商品名、产品型号时，其含义应当清楚。四是范围合理。独立权利要求能够解决所要解决的技术问题，产生预期的技术效果，所覆盖的技术方案能够实施；独立权利要求不包括与所要解决的技术问题无关的不必要的技术特征；独立权利要求在保证具备新颖性的前提下，将多个实施例进行合理的上位概括；涉及发明点的技术特征概括适当，利于适用字面侵权；从属权利要求中的技术方案完整；从属权利要求不可拆分；从属权利要求不包括与其优选方案所要解决的技术问题无关的不必要的技术特征；方法权利要求不包括没有必要的执行主体；合理限定应用领域，避免特定领域的名词造成领域限制；功能性限定或效果限定使用得当；性能、参数限定使用得当；权利要求针对性强，适用直接侵权；保护主题与发明本身要/应当保护的主题一致；权利要求撰写严谨，避免适用特意排除原则；权利要求覆盖全面，避免适用捐献原则。五是布局合理，包括必要的方法、系统、关键装置和/或关键部件的独立权利要求，符合产业链布局原则、制造侵权优先原则、方法与装置并重原则；权利要求中的重要技术特征具有层次性，包括上位、中位、下位的实施方式；根据创造性高度确定合理的从属权利要求引用关系。其他还包括权利要求的撰写符合相应的权利要求类型的撰写规范，无不恰当的方法限定产品及不恰当的产品限定方法；独立权利要求间不明显缺乏单一性；无明显非必要从属权利要求；符合关于重复授权的相关规定；审查过程中未不恰当地放弃权利；符合关于保密申请的相关规定；申请过程中的修改符合《专利法》第三十三条的规定。

从说明书的内容来看。一是技术领域，要恰当、准确、范围合理。二是技术问题，背景技术对现有技术的问题描述准确，不存在不恰当的主观评价；发明能够解决说明书描述的所有技术问题；明确发明所要解决的技术问题是否已被本领域技术人员所认知；技术问题全面、具有层次性。三是技术效果，技术效果与技术问题、技术手段一一对应，技术效果全面、具有层次性和针对性，每种实施方式或优选方案的技术效果均作了描述。四是技术方案，说明书表达清楚、逻辑清晰；在充分公开的条件下，恰当地保护技术秘密；说明书，特别是实施例，描述完整、能够实施，全面体现技术贡献；产品和方法实施例分开撰写；除非绝对必要，说明书不使用表示特别强调的词语，如只有、就是、仅仅、最好是、核心思想、必要、唯一等；说明书描述使用相同术语同一内容。其他还包括说明书不存在将非现有技术，特别是发明点，描述成现有技术，尤其在背景技术部分、附图部分。

总之，高质量的专利申请的权利要求范围适当，说明书环环相扣，申请文件层次分明、滴水不漏。

二、目标与时机

申请环节的目标就是要将高质量的技术交底书转变为高质量的专利申请文件，将经过专利挖掘与布局的各个技术方案转变为高质量的系列专利申请或专利申请组合，从而在后续能够获得预期的高价值专利。专利申请阶段也是非常好的防御布局阶段，可以通过适当控制申请数量、选择恰当的申请与公布时机抢先占领有利形势，迷惑竞争对手，从而避免对手进行外围抢占，达到前期保护核心专利不被竞争对手窥探的目的①。

专利的申请时机非常重要，要根据企业对于核心专利的市场潜力预判，选择合适的公开和审查时机②。

申请人可以在发明创造基本完成、发明构思成熟、技术方案完整、技术实施路线清晰、请求保护的范围比较明确时提出专利申请。不必非要等生产制造完成或对发明创造做出成果鉴定后才去申请专利。对于发明创造中不够完善的部分，可以边申请、边完善、边充实。根据优先权原则，在提交发明专利申请文件一年内，申请人可以在不新增加技术特征的前提下，对申请文件内容进行完善，提交进一步修改的申请文件，而以第一次提交完整申请文件的日期作为该申请的申请日③。值得一提的是，多数企业研发人员在考虑专利申请时机时通常会选择越快越好，当该行业只有一项技术标准时，越快越好原则可能适用，但在多标准行业下，专利能否加入多个标准直接影响着专利许可数，因此研发人员需要改变越快越好的传统观念。此外，在专利池形成之前、行业技术标准激烈竞争的前提下，企业并不能确定其专利是否能加入专利池，应该采取延缓申请战略并通过获取外部知识来完善专利，使其能尽可能加入多个标准，从而为企业创造更高的效益；而在专利池形成之后、行业标准已经确定的情况下，企业应尽

---

① 肖晗，朱民田，张思．国际明星药物专利布局对我国制药企业专利策略实施的启示［J］．中国新药杂志，2019，28（02）：135－141．

② 胡海容．高价值专利的判定和培育［J］．中国发明与专利，2018，15（12）：15－21．

③ 高敏，胡冬云．专利申请类型、申请时机及申请途径浅析［J］．中国高校科技与产业化，2008（06）：51－53．

可能快地申请专利，使其更快地加入专利池中，从而获取许可收入①。

就公开时机而言，如果选择按期公布，这样有利于企业对该专利进行充分的市场考察，但是会使实质审查相应延期。如果想要尽快进入专利的实质审查期，则可以申请提前公布，这样虽然会使市场考察的时间相应缩短，但是可以缩短授权的时间。另外在申请外围专利进行专利布局时，申请的时间间隔也非常重要。企业往往需要通过不断开发与申请外围专利，有效地延长核心专利的专利保护时间。

此外，还可以合理使用相关申请技巧。如对于涉及一些新兴产业、国家重点扶持产业以及区域大力发展的产业的相关专利申请，由于这类专利往往都相对具有较高的技术价值和市场经济价值，为了能尽快获得授权，申请人或代理机构在递交专利申请文件的同时也可以一并提交“普通加快审查请求”的申请或者是在相关知识产权保护中心的帮助下进入“快速审查通道”，加快后续的审查程序；对于向国外提出的专利申请，也可以提交“PPH 请求”的申请表，进而进入快速审查通道。

三、申请环节培育

1. 发明人的责任

技术交底书是形成申请文件的基础，一份好的技术交底书更有利于形成高质量的申请文件，从而获得更好的授权前景和更宽的保护范围，也更易于培育出高价值专利。由于发明人或企业研发人员与专利代理师或专利工程师之间存在着思维方式和技术水平的差异，作为传递发明构思、建立两者之间沟通桥梁作用的技术交底书起到至关重要的作用。技术交底书是撰写说明书的基础，在发明人撰写的技术交底书的基础上，专利代理师或专利工程师再修改为说明书。

因此，发明人应该充分注重技术交底书的撰写。通常，发明人在撰写技术交底书时，对发明要解决的技术问题已经有了目的性的认识，并对发

① 曹勇，程前，周蕊．专利申请时机对创新绩效的影响［J］．科学学研究，2018，36（10）：1914－1920.

明的技术方案也已经有了整体上的构思，往往也通过各种试验手段进行过技术上的验证。而技术交底的过程，就是要求发明人对发明构思、实现构思所采取的各种技术手段、试验验证的结果等给予全面客观的总结并形成纸面上的表述。

那么，如何撰写技术交底书呢？发明人应当紧紧围绕发明构思，从以下四个方面反复思考：别人是怎么做的？我为什么还要做？我是怎么做的？我做的有什么优势？抓住这四个方面进行表述，就能充分完整地对技术进行交底，撰写好技术交底书。

实际上，这四个问题也分别包含了完整的技术交底书的各个组成部分的内容。别人是怎么做的？其实就是要求发明人要把专利申请的背景技术和存在的缺陷交代清楚，以此帮助专利代理师或专利工程师理解并充分挖掘创新技术的价值、可应用的领域、可获得的技术效果、可解决的技术问题、可等效替代的技术手段等。我为什么还要做？其实就是要求发明人告知专利申请的技术目的和所要解决的技术问题。我是怎么做的？则是要求发明人对技术方案进行完整、充分的描述，包括对具体的实施方式以及可替换的实施方案进行说明，必要时也需要利用附图和附图说明来表达。光有这些还不够，还需要询问一下我这么做有什么优势？这主要是对技术方案能实现的有益效果进行说明，当然必要时还要给出具体的实施例和试验数据来加以验证，以充分证明技术方案是能够实现的。

上述这些方面就是一份完整的技术交底书的形成过程。首先，在技术交底书中要体现技术背景、技术问题、技术效果和技术方案，四位一体，相互对应。其次，技术交底书的语言要简洁、清楚、通顺，符合语法习惯。使用本领域通用书面技术术语，避免口语、自造词，所使用的技术术语应当与本领域通常含义相同。当不可避免地使用自造词或所使用技术术语与通常含义不一致时，应当明确给出术语定义。再次，发明人要与专利代理师或专利工程师进行充分沟通，对技术方案进行把关。比如，应确保专利代理师或专利工程师对技术的理解不存在偏差，权利要求中不存在不必要的技术特征等。

2. 专利代理师/企业专利工程师的责任

专利代理师或企业专利工程师是将技术交底书转化为专利申请文件的

主要责任人，其一方面要将技术交底书中的技术方案理解透彻，另一方面要使请求保护的权利要求和说明书的表达符合法律的规定。

专利申请文件的撰写步骤可以分为：理解技术方案—初步检索—找出技术方案要解决的技术问题—整理技术方案—撰写说明书附图（如果有附图）—撰写权利要求书—撰写说明书—撰写其他部分。对于技术方案比较复杂的专利申请来说，也可以先撰写说明书，再撰写权利要求书。

在阅读技术交底书的时候，专利代理师或专利工程师应找出发明人所要解决的各个技术问题。针对每个技术问题，从技术交底书中找出技术解决方案。针对每个技术问题的技术解决方案，从技术交底书中找出相应的所有实施例，确定每个实施例之间的关系。实施例之间的关系可能是并列，也可能是递进。

针对所有技术方案进行可专利性检索，检索范围包括国内外专利数据库、非专利数据库等，目的是判断上述技术方案是否具备专利法意义上的新颖性和创造性。如果检索到上述问题的技术方案的对比文件，则需要重新确定要解决的技术问题和对应技术方案。在此过程中可以及时与发明人沟通意见。

根据确定的技术问题，从列出的技术特征中选取解决该问题的技术方案的必要技术特征，撰写独立权利要求。对比文件公开的技术特征，写入独立权利要求的前序部分；对比文件未公开的技术特征，写入独立权利要求的特征部分；与解决的问题无关的技术特征，则不写。如果写入对于解决基本技术问题的非必要技术特征，则会导致独立权利要求权利范围缩小，因此要特别慎重。撰写从属权利要求时，要进一步明确从属权利要求的技术方案所要解决的技术问题，按层次撰写各个从属权利要求，同时注意各从属权利要求的引用关系。对于技术交底书中属于不同主题的技术方案，或者解决同一技术问题且无共性技术特征的其他技术方案，可以单独撰写作为分案申请。

检查各个权利要求是否构成完整方案，各个技术方案能否解决其所要解决的技术问题。如果不能解决，则说明缺少必要技术特征，要把缺少的必要技术特征加入到权利要求中。检查各个权利要求中的技术特征是否全部为必要技术特征，如果有非必要技术特征，则要确保在解决技术问题的基础上，将非必要技术特征删除。

对应技术领域、背景技术、发明内容、附图说明及具体实施方式五个部分撰写说明书。说明书应当用词规范，语句清楚。说明书的内容应当明确，无含糊不清或者前后矛盾之处，使所属技术领域的技术人员容易理解；应当清楚并充分公开，以本领域的技术人员能够实现为准。最后，进一步完成摘要、摘要附图以及说明书附图的撰写。

当然，以上列出的步骤也不是一成不变的，在实际工作中，专利代理师或专利工程师还可以根据与发明人的沟通情况就技术交底书的内容作发散思维，为发明人补入一些认为可行的技术方案或技术特征，以扩大权利要求的保护范围。①

归纳来说，专利代理师或专利工程师应加强撰写前的检索以及与研发人员的沟通，优化权利要求配置，减少权利要求中的非必要技术特征，确定合理的权利要求保护范围；应加强专利分析能力（明确发明目的/效果、技术方案、权利要求的层次性、实施例对权利要求的支持），对比现有技术，明确与现有技术的区别，合理布局权利要求类型，围绕技术方案多层次、多角度进行保护，提升权利要求层次和保护强度；重视从属权利要求撰写，注意功能性限定的使用限制，提高修改和防御的层次性；并关注专利申请文件是否存在可能被驳回/宣告无效的缺陷、是否将“利益”最大化、是否构筑了多层次和多角度的“防线”、说明书是否具有足够的修改和解释的依据、撰写是否清楚、结构和用语是否规范、内容是否详实准确、作图是否规范等。

审协广东中心针对企业对高价值专利申请的需求进行了问卷调查，获得了如图4－3的数据，其也印证了发明人对专利代理师或专利工程师的要求。

表4－1进一步提供了一种对发明专利申请文件开展质量评价的标准，专利代理师或专利工程师可参考该标准对申请文件进行评价，找出是否有必要的改进点，从而确保形成能够全面、系统保护创新成果的高质量专利申请文件。

---

① 张增果. 浅析一份优秀的权利要求书的撰写方法［J］. 科技与创新，2019（11）：34－36.

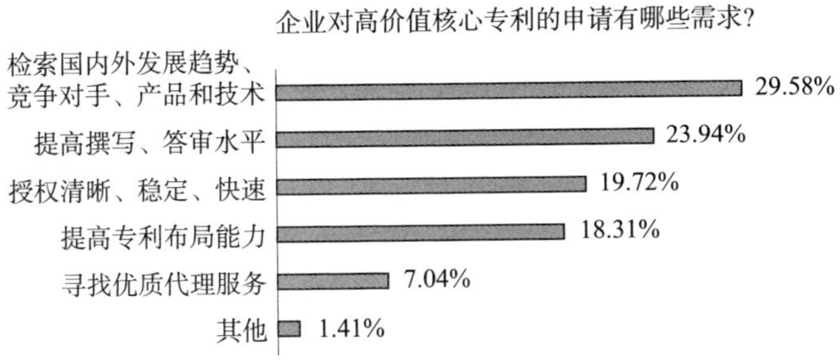

图 4－3 企业对高价值核心专利的申请需求问卷调查数据

表 4－1 发明专利申请文件质量评价参考标准

<table>
<tr><td colspan="2">总体要求：
①申请文件中不应该存在无法克服的缺陷；
②申请文件的保护范围合理、布局到位，以保护权利人的利益，实现利益最大化；
③申请文件撰写有利于后续程序的修改。
打分标准：
满分 100，采用扣分制，根据下列情形扣除相应分数，同类问题扣一次分，最后总得分越高，说明撰写质量越好。</td></tr>
<tr><td colspan="2">一、申请文件整体存在以下致命缺陷且无法修改，则评分为 0</td></tr>
<tr><td>1. 不符合《专利法》第二条第二款规定的客体</td><td>①未采用技术手段解决技术问题，以获得符合自然规律的技术效果的方案；
②气味或者诸如声、光、电、磁、波等信号或者能量本身以及图形、平面等本身。</td></tr>
<tr><td>2. 根据《专利法》第五条不授予专利权的发明创造</td><td>①违反法律的发明创造；
②违反社会公德的发明创造；
③妨害公共利益的发明创造。</td></tr>
<tr><td>3. 根据《专利法》第二十五条不授予专利权的客体</td><td>①科学发现；
②智力活动的规则和方法；
③疾病的诊断和治疗方法；
④动物和植物品种；
⑤原子核变换方法以及用原子核变换方法获得的物质；
⑥对平面印刷品的图案、色彩或者二者的结合作出的主要起标识作用的设计。</td></tr>
</table>

续表

4. 全部技术方案公开不充分	①说明书中只给出任务和/或设想，或者只表明一种愿望和/或结果，而未给出任何使所属技术领域的技术人员能够实施的技术手段； ②说明书中给出了技术手段，但对所属技术领域的技术人员来说，该手段是含糊不清的，根据说明书记载的内容无法具体实施； ③说明书中给出了技术手段，但所属技术领域的技术人员采用该手段并不能解决发明或者实用新型所要解决的技术问题； ④申请的主题为由多个技术手段构成的技术方案，对于其中一个技术手段，所属技术领域的技术人员按照说明书记载的内容并不能实现； ⑤说明书中给出了具体的技术方案，但未给出实验证据，而该方案又必须依赖实验结果加以证实才能成立。
5. 全部技术方案明显不具备实用性	①无再现性； ②违背自然规律，如永动机； ③利用独一无二的自然条件的产品； ④人体或者动物体的非治疗目的的外科手术方法； ⑤测量人体或者动物体在极限情况下的生理参数的方法； ⑥无积极效果。
6. 全部技术方案明显不具备新颖性和创造性	很容易就能检索到能明显可用于评述申请文件全部技术方案的新颖性或创造性的对比文件。
二、影响专利权的保护范围且难以修改，每条扣 10 分	
1. 要求保护的发明点偏离发明人的原意或减损了保护内容	根据技术交底书的记载，要求保护的发明点偏离发明人的原意或减损了保护内容。
2. 独立权利要求包含非必要技术特征或保护范围过窄	判断独立权利要求的技术方案是否完整，关键在于审查独立权利要求是否记载了解决技术问题的全部必要技术特征。然而，独立权利要求包括与实现其发明目的不必要的技术特征，会导致范围被不合理地缩小。比如：对于方法独立权利要求，在步骤之前加上没有必要的执行主体。
3. 独立权利要求和说明书均未对技术特征进行概括，如本应进行上位概括而未概括	例如权利要求：一种电视机，包括液晶显示器……而说明书中还记载了 CRT 显示器、等离子体显示器等，此时本领域技术人员应该根据说明书的内容，判断是否可以将液晶显示器、CRT 显示器、等离子体显示器等进行功能性概括为用于显示图像的装置，从而权利要求可以写成：一种电视机，包括用于显示图像的装置……

续表

4. 独立权利要求和说明书对技术特征的概括不恰当	例如权利要求：一种蛋白酶A酶解蚕蛹蛋白的方法……其中酶解反应液pH值为8.0~10.0。说明书公开了8.0、9.0、10.0的实施例，然而本领域技术可知蛋白酶A都是在碱性条件下水解的，反应液只要是碱性液就可以，因此独立权利要求和说明书对技术特征的概括不恰当，导致保护范围缩小。权利要求可写成：一种蛋白酶A酶解蚕蛹蛋白的方法……其中酶解反应液为碱性液。
5. 权利要求中的重要技术特征缺乏层次性，只包括极为上位和极为下位的技术特征，缺少多层次描述方式	一旦上位概念得不到支持，权利要求将仅能保护极为下位的技术方案，从而使保护范围受损。
6. 独立权利要求布局不合理，如只撰写了产品独立权利要求，没有包括必要的方法、系统、关键装置、部件的独立权利要求	①专利申请的最终目的不是获得授权，而是授权后的使用，所以在申请专利时，一定要从产业链的角度重点考虑独立权利要求的覆盖对象和覆盖范围，否则将会使专利的价值降低； ②产业链包括但不限于：产品、制备方法、用途、配套的制造工艺。
7. 独立权利要求不适当地对应用领域进行限制，致使保护范围缩小	①权利要求中的内容都用来解释权利要求的保护范围，所以，当应用领域不是发明的唯一发明点或者主要发明点时，则不应该将应用领域写入，否则会造成权利要求保护范围的不适当缩小； ②一般情况下，没有必要将应用领域写入独立权利要求中； ③如果发明点主要将一个技术领域的技术转移到另一个技术领域，且在转移的过程中没有引起物理结构、逻辑结构上的明显变化，此时，则应该在写独立权利要求时加入应用领域，使之成为技术方案的一部分。
8. 权利要求性能、参数限定使用不得当	能够用结构或组成限定的产品，不恰当地采用参数替代结构；性能、参数特征无法区分发明和现有技术。
9. 独立权利要求没有针对性，没有一个主体能构成直接侵权	比如：某个产品包括A、B、C三个必要部件，其中B部件是体现发明点的部件，而A、C部件与B部件之间具有交互作用。在这种情况下，可以以B部件为主题名称撰写一个独立产品权利要求，但由于A、C部件与B部件有交互作用，也是实现该发明必不可少的，因此应当将A、C部件与B部件的交互作用写入该权利要求。但要注意，不应当以“还包括A部件和C部件”的形式写，而应该将A、C部件和B部件之间的相互作用理解为对该产品B部件的进一步限定，但该产品本身并不需要包含A、C部件。

续表

10. 对涉及发明点的技术特征采用不恰当的上位词，没有有效地保护发明点，即没有从字面侵权的角度来写	独立权利要求应强调发明点，对发明点技术特征进行上位概括，发明点的最佳撰写方式可以在从属权利要求中体现。
11. 由于特意排除原则而使权利要求保护范围受到损害	对步骤、顺序进行特别强调：①权利要求中出现了排他或优选的词，如“只有”“就是”“仅仅”“最好是”“核心思想”“必要”“唯一”等；②方法权利要求中出现没有必要的逻辑关系限制，例如不必要的“直接”“尤其”“特别”之类的词语；这些词语还有可能将等同方式排除在外。
12. 由于捐献原则而使权利要求保护范围受到损害	某些方案仅在说明书或者附图中有所描述而在权利要求中未记载，侵权专利纠纷案件中不得再纳入专利权保护范围。
13. 权利要求的撰写不符合相应的权利要求类型的撰写风格，不恰当的方法限定产品；不恰当的产品限定方法	产品权利要求和方法权利要求的保护对象是不一样的。对于产品权利要求，一般情况下，不建议用方法特征来进行限定，除非是方法特征的限定更有利于说清楚发明技术方案时。
14. 说明书未对技术方案进行合理扩展，在后续修改中影响保护范围	例如权利要求：一种医疗器械的消毒方法……采用化学物质对待消毒医疗器械进行消毒。 说明书发明内容中说明采用化学物质对医疗器械进行消毒，而给出的实施例直接是采用微孔材料进行消毒。当需要对权利要求进行修改时，没法将“化学物质”改为“固态化学物质”，只能直接修改为“微孔材料”。
15. 说明书缺少支持独立权利要求的实施例（本应有而未写明）	例如权利要求：一种废渣处理方法……其中 A 步骤的处理温度是 100℃ ~ 400℃。说明书所记载的实施例中 A 步骤的处理温度为 200℃。
16. 技术方案与发明要保护的主题不一致	此类型的保护主题本身并未错误，但主题不准确使得技术贡献得不到最有效的保护。
17. 同时申请了发明专利和实用新型专利导致重复授权缺陷，且无法通过放弃实用新型专利克服	同一申请人同日对同样的发明创造既申请实用新型专利又申请发明专利，且先获得的实用新型专利权尚未终止，然而，申请人在申请时并未做出说明的，只能通过修改发明专利申请而不能通过放弃实用新型专利权的方式克服重复授权。

续表

三、其他实质性缺陷，可以修改克服，每条扣3分	
1. 申请文件部分不符合《专利法》第二条第二款规定的客体	①未采用技术手段解决技术问题，以获得符合自然规律的技术效果的方案； ②气味或者诸如声、光、电、磁、波等信号或者能量本身以及图形、平面等本身。
2. 申请文件部分属于《专利法》第五条不授予专利权的发明创造	①违反法律的发明创造； ②违反社会公德的发明创造； ③妨害公共利益的发明创造。
3. 申请文件部分属于《专利法》第二十五条不授予专利权的客体	①科学发现； ②智力活动的规则和方法； ③疾病的诊断和治疗方法； ④动物和植物品种； ⑤原子核变换方法以及用原子核变换方法获得的物质。 ⑥对平面印刷品的图案、色彩或者二者的结合作出的主要起标识作用的设计。
4. 部分技术方案公开不充分，但不影响权利要求的保护范围	①说明书中只给出任务和/或设想，或者只表明一种愿望和/或结果，而未给出任何使所属技术领域的技术人员能够实施的技术手段； ②说明书中给出了技术手段，但对所属技术领域的技术人员来说，该手段是含糊不清的，根据说明书记载的内容无法具体实施； ③说明书中给出了技术手段，但所属技术领域的技术人员采用该手段并不能解决发明或者实用新型所要解决的技术问题； ④申请的主题为由多个技术手段构成的技术方案，对于其中一个技术手段，所属技术领域的技术人员按照说明书记载的内容并不能实现； ⑤说明书中给出了具体的技术方案，但未给出实验证据，而该方案又必须依赖实验结果加以证实才能成立。
5. 部分技术方案明显不具备实用性，但不影响权利要求的保护范围	①无再现性； ②违背自然规律； ③利用独一无二的自然条件的产品； ④人体或者动物体的非治疗目的的外科手术方法； ⑤测量人体或者动物体在极限情况下的生理参数的方法； ⑥无积极效果。

续表

6. 部分权利要求明显不具备新颖性和创造性，但不影响权利要求的保护范围	利用常见的智能化或语义检索工具（如 Patentics）通过简单的检索方式找到明显可用于评述权利要求的新颖性或创造性的对比文件。
7. 独立权利要求缺少必要技术特征	独立权利要求的计算方案不能实现或只能部分地实现发明目的。
8. 独立权利要求之间不具备单一性	①判断多个独立权利要求间是否存在相同的或相应的特定技术特征，并根据判断结果决定是否具有单一性； ②如果有单一性问题，其中每个技术方案都很重要，则应该分案申请。
9. 权利要求出现语句含义错误、语言表达晦涩或模糊、前后内容矛盾，难以确定准确技术方案	本条所列的问题一般不能单单通过直接修改权利要求而克服，需要在意见陈述中作进一步陈述。如： ①如权利要求：……用 Fe 作为有机溶剂……根据所述技术领域的公知常识，Fe 不可能作为有机溶剂，因此该语句表达的内容明显错误。 ②如权利要求：一种制备产品 *A* 的方法，其特征在于……将混合物最高加热到不低于 80℃的温度。“最高”和“不低于”的表达导致该语句含义自相矛盾，使该权利要求请求保护的范围不清楚。
10. 某项从属权利要求中的技术方案不完整	技术方案中的某些技术特征之间具有协同性，只有结合在一起才能解决技术问题，具备技术意义，从属权利要求中的技术方案也应当完整。
11. 从属权利要求同时对不同技术特征进行限定，本可分成多个从属权利要求的	①每个从属权利要求在增加新的技术特征时，一定要满足最少原则，即在满足从属权利要求能够实现其发明目的、技术方案完整的前提下，所增加的技术特征越少越好。否则，在无效诉讼过程中，可能会出现因合并权利要求而导致保护范围不合理缩小的情况。 ②如权利要求 1：一种装置，包含 A、B、C 和 D。权利要求 2：如权利要求 1 的装置，其中 A 为……B 为……此时，应该将权利要求 2 分为两个从属权利要求进行撰写。
12. 从属权利要求包含了不必要的技术特征	从属权利要求有其对应的有益效果，所以每个从属权利要求只包括实现其有益效果的技术特征即可。

续表

13. 对于创造性很高或较高的发明，从属权利要求的引用关系以多层次式为主；对创造性低的发明，不是以链式为主，而是以并列式为主	使得专利权保护范围尽可能合理；为审查过程或后审过程留出修改空间。
14. 技术领域不恰当，如不准确或太窄	①技术领域太窄，则很有可能会限制权利要求的保护范围； ②技术领域不能准确反映发明作出贡献的技术领域，也有可能会造成保护范围不恰当。
15. 说明书背景技术中包含本发明也不能解决的现有技术问题	①背景技术部分中应客观地指出存在的问题和缺点，但是仅限于涉及由发明或者实用新型的技术方案所解决的问题和缺点； ②应将本发明不能解决的技术问题从背景技术中删除。
16. 背景技术对现有技术的问题描述不准确或加入了主观评价	背景技术部分中，应当客观地指出存在的问题和缺点；在已了解现有技术的情况下，技术问题概括不准确可能导致权利要求撰写不当，保护范围受到损害或者影响可专利性。
17. 未区分专利申请的技术问题是否已被本领域技术人员所认知	申请人首次认知的技术问题应当表述明确。例如，在描述背景技术问题之前加上“在实现本发明过程中，发明人发现现有技术中至少存在如下问题”类似意思的句子。
18. 说明书中发明目的不恰当，进而不能被对应独立权利要求中的技术方案实现或不能完全实现	发明内容中的发明目的是指独立权利要求中技术方案能达到的发明目的。如果发明目的不恰当，如太多或太具体，会导致独立权利要求中技术方案不能实现或只能部分实现。那么独立权利要求中技术方案可能会缺少必要技术特征或不完整。
19. 技术问题不全面、层次性不够	①对申请技术问题挖掘程度不够，未能认识到发明能够解决的全部重要技术问题； ②技术问题过于上位时，无法突出发明的技术贡献，过于下位时可能导致权利要求不能在全部范围内解决该技术问题； ③能够解决多个技术问题时，建议分段书写，或采用“一个技术问题”“另一个技术问题”等类似的写法。

续表

20. 说明书中没有有益效果的描述，或者描述不全，有益效果没有覆盖发明目的	①说明书应当清楚、客观地写明发明或实用新型与现有技术相比所具有的有益效果。有益效果是指由构成发明或者实用新型的技术特征直接带来的，或者是由所述的技术特征必然产生的技术效果。应将技术效果写入或补充进发明内容的技术效果描述部分； ②如果没有有益效果的描述或者描述不全，有益效果没有覆盖发明目的，那么审查员极有可能认为，产生该技术效果的技术特征为本领域的公知常识。
21. 说明书，特别是实施例，没有全面体现技术贡献	①对技术手段的上位、下位或同位的挖掘不够，如实施例过少、过于单一； ②可以基于已有实施例通过简单的变化和调整方式来构建其他实施例； ③发明点涉及数值范围的，没有端值的实施例。
22. 没有将产品和方法的实施例分开撰写	未严格区分产品和方法，可能使保护范围受损。
23. 技术秘密未被合适地保护	最优方案应在不影响授权及权利稳定性的情况下隐藏。
24. 实施例中出现了排他或优选的词，如“只有”“就是”“仅仅”“最好是”“核心思想”“必要”“唯一”等	排他或优选的词的限制性特别强，这种限制极有可能将后续出现的等同物排除在保护范围之外，并且可能在后续程序中导致对权利要求的限缩性解释。
25. 说明书中将非现有技术（如发明点）描述成现有技术，尤其是背景技术部分和附图部分	①背景技术包括申请人没有公开的专利申请或其他技术资料，或将发明点公开在背景技术中，可能会对授权产生不利影响； ②在附图说明中，没有正确地说明附图是现有技术还是本发明的实施例附图：如果将包含发明点的附图描述成现有技术，一方面说明专利申请撰写人对发明并没有真正地理解；另一方面可能会因申请人自己将发明点描述为现有技术而使权利要求创造性降低。
四、一般性形式缺陷，每条扣1分	
1. 权利要求缺陷	①权利要求主题名称不清楚，主题名称与技术内容不相适应，如“一种……技术……” ②权利要求中使用了诸如“厚”“薄”“宽”“强”“等”“最好是”“最优”“例如”“必要时”“可以”“特定的”“合适的”等用语，导致保护范围不清楚（不同用语分别扣分）； ③权利要求中出现计量值，只有数值没有计量单位； ④标点符号使用不当，如“一种（混凝土）模制砖，其特征在于……”

续表

1. 权利要求缺陷	⑤权利要求中出现上位概念和下位概念作为并列选择项，如“一种制备化合物 *C* 的方法，其特征在于将化合物 *A* 和 *B* 反应，其中 *B* 是无机盐、硫酸盐、有机盐或苯磺酸盐”； ⑥权利要求中出现排除/引用式表达。如权利要求：通式（Ⅱ）的化合物，其中……排除专利 EP××××× 中公开的化合物； ⑦权利要求出现引用关系错误。如权利要求 1：一种半导体器件，包括部件 *A*、*B* 和 *C*。权利要求 4：根据权利要求 1 的半导体器件，其中所述的 *D* 为……而权利要求 1 中并未出现 *D*，导致权利要求 4 不清楚； ⑧权利要求出现非择一引用的情况； ⑨权利要求出现多项从属权利要求引用多项从属权利要求的情况； ⑩权利要求中使用的科技术语与说明书中的科技术语不一致。如“一种灯泡，其中充满稀有气体……”说明书中将“稀有气体”定义为“氦、氖、氮气或二氧化碳”。而“稀有气体”在化学领域中具有确切含义，其包括氦、氖、氩、氪、氙和氡。申请人在说明书中对“稀有气体”的定义不同于其在所属技术领域通常具有的含义，因此出现权利要求中使用的科技术语与说明书中的科技术语不一致的情况； ⑪权利要求的技术特征引用附图标记时，附图标记未加括号。
2. 说明书缺陷	①发明名称包含过小的技术应用领域。不管过小的技术领域是不是发明点之一，都不建议将其写在发明名称中，因为技术领域有可能成为权利要求直接或间接的限制条件之一； ②说明书中的专利名称与请求书中的名称不一致，会导致初审程序延长； ③背景技术包含了非必要的现有技术或背景技术过于冗长。背景技术如果包含了非必要的现有技术，则会导致背景技术的描述在逻辑层次上不清楚、显得混乱，不利于理解发明的技术方案，没有和后面的说明书和权利要求书做前后呼应。背景技术过于冗长，会使得说明书篇幅过于长，会增加后续的附加费； ④说明书语言表达晦涩或模糊、前后内容矛盾，难以确定准确技术方案； ⑤说明书中出现“如权利要求……所述……”和“其特征在于”类似的用语。说明书中出现该用语，不符合说明书的语言习惯；…… ⑥说明书没有完整地记载与权利要求相同的技术方案； ⑦有附图，说明书未对该附图进行描述； ⑧实施例中，在描述具体的技术方案和效果时，直接用“本发明”来限定，导致将该实施例的技术效果与整个发明的技术效果混淆； ⑨说明书用词不规范。

续表

3. 摘要及附图缺陷	①摘要内容超出 300 个字； ②摘要的技术方案名称未与权利要求方案对应； ③摘要附图不是说明书附图中的一幅； ④说明书附图不清楚； ⑤附图错误、不清楚，或者与文字描述不一致；或附图标号不完整、不准确或者与权利要求、说明书等文字记载不对应； ⑥附图使用彩色图。

第二节　案例分析——新型化学发泡剂专利

长期以来，中国聚氨酯产业因困于技术难以突破而承受着国外化工巨头设定的高价，显得十分被动。2003 年，山东理工大学毕玉遂团队开始研究新型发泡剂，耗时多年终于取得重大突破，发明出无氯氟聚氨酯化学发泡剂。

这种发泡剂可广泛应用于聚氨酯软质、硬质泡沫的发泡等行业。软质泡沫可应用于床垫、沙发、服装衬垫、汽车座椅等；硬质泡沫可应用于冰箱、冰柜、冷库等制冷装置，以及供热管道、建筑屋顶外墙的隔热保温等。该发泡剂的应用将对聚氨酯泡沫材料行业彻底淘汰氯氟烃和氢氟碳物质、保护臭氧层、降低碳排放做出重大贡献。作为氯氟烃类物理发泡剂的替代产品，该发泡剂在全球的推广应用将减少数十亿吨二氧化碳当量排放，对我国提前完成向国际社会承诺的温室气体减排任务具有巨大的政治意义、社会效益和环境效益。

一、专利基本信息

颠覆性的科研成果对国内相关企业的发展将大大有利，但一经发布肯定会引来国外化工巨头的窥探，继而破解。申请专利可以获得法律保护，但在申请专利的时候，需要说出具体的制备方法、基本原理等详细的技术路线和过程，万一在申请专利的过程中泄露了研究成果，整个团队多年的努力将功亏一篑。这种情况下，是否该进行专利申请让毕玉遂团队进退两难。

后来，毕玉遂团队听说国防专利可以保密，就申请了 4 项国防专利。但国防专利一旦授权就成为国家保密技术，未经国家许可，企业及个人将无法实施，这意味着这项技术将与市场隔绝。另外申请的两件专利为外围专利，数量少、质量低、保护范围小。总的来说，这一专利布局没有覆盖到上下游产品技术，没有形成完整的专利保护范围，知识产权保护难以发挥作用。

国家知识产权局为此派出“微观专利导航工作组”入驻山东理工大学。工作组专家都是化学、化工方面基础理论水平非常扎实的专家，他们对专利申请文件逐条逐句地进行审阅和修改，帮助研究团队思考并补足遗漏之处。在此基础上，毕玉遂教授团队于 2016 年 6 月提交了两件中国发明专利申请，发明人为毕玉遂教授，申请人为山东理工大学，申请号分别为 201610392162.3 和 201610393108.0，目前两件发明专利均已获得授权并处于有效维持的状态。

根据毕玉遂教授的介绍，这项专利投入生产后，在全球市场的发展前景广阔。它的应用范围是非常广泛的，生产出的产品环保性能远远超过之前的产品，生产成本也远低于之前的产品。

2017 年，补天新材料技术有限公司（以下简称“补天公司”）以总计 5 亿元人民币的价格，获得了新型聚氨酯化学发泡剂 20 年的专利独占许可使用权，创造了中国专利独占许可使用费额度的最高纪录。日前，补天公司已经迈出专利市场化的关键一步——绿色化学发泡剂可实现聚氨酯喷涂领域对物理发泡剂的替代。该公司表示，之所以花费如此高价买断专利，除了看好这项科技成果的前景外，还出于对中国知识产权保护的信心。

二、专利申请文件

新型聚氨酯化学发泡剂专利显然就是我们所说的高价值专利，通过进一步的追踪分析发现，两件发明专利申请均存在 PCT 同族申请，可见申请人山东理工大学已经做好了在全球布局专利的准备。截至 2019 年 4 月，两件专利申请分别在美国、加拿大、澳大利亚、韩国以及加拿大、澳大利亚、印度、韩国提交的同族专利申请公开了相应的文本。同时，申请号为 201610393108.0 的专利还存在一件分案申请，申请号为 201710872094.5。

ZL201610392162.3 授权权利要求书中的部分权利要求如图 4－4 图 4－5 和图 4－6 所示。

1. 一种发泡剂，它包括具有以下通式（I）的碳酸有机胺盐化合物或包括具有以下通式（I）的有机胺盐化合物的混合物：

$A^{n-}[B^{m+}]_p$ （I）

式中，A^{n-}是碳酸根CO_3^{2-}，即$n=2$；

B^{m+}包含：+1价的铵离子，和/或，具有m个的$-^{+}NR^3R^4H$基团和/或$-^{+}NR^3H-$基团的一种或多种有机胺（B）的阳离子；

其中$m=1\sim5$；$0<p\leqslant\frac{n}{m}$；

其中，R^3或R^4独立地选自：H，R，任选被羟基或氨基或卤素取代的$C_1\sim C_7$脂肪族烃基，任选被羟基或氨基或卤素取代的$C_3\sim C_7$环脂族烃基，或，任选被羟基或氨基或卤素取代的$C_6\sim C_{10}$芳族烃基；

前提条件是：所述通式（I）的化合物具有至少一个与N键接的R基团；

其中该R基团选自于下列基团中的一种或多种：

(1a) $H[OCH(R_{1a})CH(R_{2a})]_q-$；

(2a) $H[OCH(R_{1a})CH(R_{2a})CH(R_{3a})]_q-$；或

(3a) $H[OCH(R_{1a})CH(R_{2a})CH(R_{3a})CH(R_{4a})]_q-$；

其中q的值或平均值是$q=1\sim3$；R_{1a}、R_{2a}、R_{3a}或R_{4a}各自独立地选自：H，任选被羟基或氨基或卤素取代的$C_1\sim C_7$脂肪族烃基，任选被羟基或氨基或卤素取代的$C_3\sim C_7$环脂族烃基，或，任选被羟基或氨基或卤素取代的$C_6\sim C_{10}$芳族烃基；

其中，所述有机胺化合物（B）是具有2~50个碳原子的有机胺化合物。

2. 根据权利要求1所述的发泡剂，其中：

(1a) $H[OCH(R_{1a})CH(R_{2a})]_q-$是$H(OCH_2CH_2)_q-$、$H(OCH_2CH(CH_3))_q-$、$H(OCH(CH_3)CH_2)_q-$、$H(OCH_2CH(C_6H_5))_q-$、$H(OCH(C_6H_5)CH_2)_q-$、$H(OCH_2CH(CH_2Cl))_q-$、$H(OCH(CH_2Cl)CH_2)_q-$或$H(OCH_2CH(CBr_3))_q-$。

3. 根据权利要求1或2所述的发泡剂，其中：在发泡剂中水的含量为>0wt%至40wt%；和/或

发泡剂的pH为7.5~10。

图 4－4 权利要求 1－3

19.制备发泡剂的方法，该方法包括第一原料与第二原料在水中，任选地在催化剂存在下，进行反应，其中第一原料是选自于下列这些化合物中的一种或多种：

氨基甲酸铵，$(NH_4)_2CO_3$，或碳酸有机胺类化合物(M)盐；

第二原料是选自于下列这些环氧化物中的一种或多种：

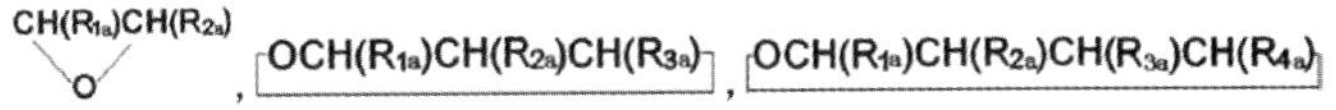

或苯乙烯氧化物，其中R_{1a}、R_{2a}、R_{3a}或R_{4a}各自独立地选自：H，任选被羟基或氨基或卤素取代的C_1~C_7脂肪族烃基，任选被羟基或氨基或卤素取代的C_3~C_7环脂族烃基，或，任选被羟基或氨基或卤素取代的C_6~C_{10}芳族烃基；

其中所述的有机胺类化合物(M)是选自下列这些中的有机胺类化合物：

C_1~C_{24}烃基胺类；

二(C_1~C_{16}烃基)胺类；

C_2~C_{14}亚烃基二胺类；

C_4~C_{16}多亚烷基多胺类；

具有三个伯胺基的C_3~C_{18}有机三胺类或具有四个伯胺基的C_5~C_{18}有机四胺类；或

C_2~C_{10}醇胺类。

20.根据权利要求19所述的方法，其中该环氧化物是：环氧乙烷、环氧丙烷、环氧氯丙烷、环氧溴丙烷、环氧丁烷、或环氧氯丁烷或苯乙烯氧化物，或它们中任何两种或多种的混合物；和/或

催化剂是氨水。

21.一种发泡剂，它包括由权利要求19或20所述的方法制备的产物；其中在发泡剂中水的含量为>0wt%至40wt%。

22.根据权利要求21的发泡剂，其中在发泡剂中水的含量为5wt%~35wt%；和/或

发泡剂的pH为7.5 10。

23.根据权利要求21或22所述的发泡剂，其中：在发泡剂中水的含量为10wt%~30wt%；和/或

发泡剂的pH为7.8~9.5。

24.根据权利要求21~23中任何一项所述的发泡剂，其中：在发泡剂中水的含量为15wt%~25wt%；和/或

发泡剂的pH为8~9.5。

25.根据权利要求21~24中任何一项所述的发泡剂作为聚氨酯发泡剂、聚苯乙烯发泡剂或聚氯乙烯发泡剂的用途。

26.根据权利要求1~18中任何一项所述的发泡剂作为聚氨酯发泡剂、聚苯乙烯发泡剂或聚氯乙烯发泡剂的用途。

27.聚氨酯发泡组合物，它包含：

0.01wt%~100wt%的根据权利要求1~18中任何一项所述的发泡剂，或根据权利要求21~24中任何一项所述的发泡剂；

0~50wt%的物理发泡剂；

0~5wt%的水，和

0.0~99.99wt%的聚合物多元醇；其中，所述重量百分比基于聚氨酯发泡组合物的总重量。

28.根据权利要求27所述的聚氨酯发泡组合物，它包含：

0.1wt%~80wt%的根据权利要求1~18中任何一项所述的发泡剂，或根据权利要求21~24中任何一项所述的发泡剂；

0~40wt%的物理发泡剂；

0~4wt%的水，和

20.0wt%~99.9wt%的聚合物多元醇；其中，所述重量百分比基于聚氨酯发泡组合物的总重量。

图4-5 权利要求19-28

38.聚氨酯泡沫材料，其通过权利要求27~36中任何一项所述的聚氨酯发泡组合物与多异氰酸酯单体或异氰酸酯封端的预聚物进行混合后发生反应而形成。

39.根据权利要求38所述的聚氨酯泡沫材料，其中所述聚氨酯发泡组合物与多异氰酸酯单体或异氰酸酯封端的预聚物的用量比(wt)是在0.5:1~2:1范围内。

40.根据权利要求39所述的聚氨酯泡沫材料，其中所述聚氨酯发泡组合物与多异氰酸酯单体或异氰酸酯封端的预聚物的用量比(wt)是在0.5:1~1:1的范围内。

41.根据权利要求38或39所述的聚氨酯泡沫材料，其中在34~42Kg/m^3的泡沫体密度下，导热系数w/m·k(10℃)或w/m·k(22.5℃)是在0.01900~0.02200之间。

图4-6 权利要求38-41

该专利以发泡剂的结构限定的产品权利要求、相应的制备方法权利要求、方法限定的产品权利要求，以及组合物权利要求等多组技术方案，非常详尽、周密地对发明的核心技术方案予以保护。

专利号为ZL201610393108.0的专利授权权利要求书中的部分权利要求如图4-7、图4-8和图4-9所示。

1.一种发泡剂，它包括具有以下通式(I)的有机胺盐化合物的混合物：

$A^{n-}[B^{m+}]_p$　　(I)

式中，A^{n-}是作为CO_2给体的具有$-n$价的阴离子，其中$n=1$或2；

B^{m+}包含：+1价的铵离子，和/或，具有m个的$-^{+}NR^3R^4H$基团和/或$-^{+}NR^3H-$基团的一种或多种有机胺(B)的阳离子；

其中$m=1\sim5$；$0<p\leq\frac{n}{m}$；和

其中A^{n-}是选自于下列阴离子中的多种：

(b)碳酸根：CO_3^{2-}；

(c)甲酸根：$HCOO^-$；

(d)碳酸氢根：$HO-COO^-$；

其中，R^3或R^4独立地选自：H，R，任选被羟基或氨基或卤素取代的C_1~C_7脂肪族烃基，任选被羟基或氨基或卤素取代的C_3~C_7环脂族烃基，或，任选被羟基或氨基或卤素取代的C_6~C_{10}芳族烃基；

前提条件是：所述通式(I)的化合物具有至少一个与N键接的R基团；

其中该R基团选自于下列基团中的一种或多种：

(1a)$H[OCH(R_{1a})CH(R_{2a})]_q-$；

(2a)$H[OCH(R_{1a})CH(R_{2a})CH(R_{3a})]_q-$；或

(3a)$H[OCH(R_{1a})CH(R_{2a})CH(R_{3a})CH(R_{4a})]_q-$；

其中q的值或平均值是$q=1\sim3$；R_{1a}、R_{2a}、R_{3a}或R_{4a}各自独立地选自：H，任选被羟基或氨基或卤素取代的C_1~C_7脂肪族烃基，任选被羟基或氨基或卤素取代的C_3~C_7环脂族烃基，或，任选被羟基或氨基或卤素取代的C_6~C_{10}芳族烃基；

其中：在发泡剂中水的含量为>0wt%至40wt%，和，所述有机胺化合物(B)是具有2~50个碳原子的有机胺化合物。

2.根据权利要求1所述的发泡剂，其中：

(1a)$H[OCH(R_{1a})CH(R_{2a})]_q-$是$H(OCH_2CH_2)_q-$、$H(OCH_2CH(CH_3))_q-$、$H(OCH(CH_3)CH_2)_q-$、$H(OCH_2CH(C_6H_5))_q-$、$H(OCH(C_6H_5)CH_2)_q-$、$H(OCH_2CH(CH_2Cl))_q-$、$H(OCH(CH_2Cl)CH_2)_q-$或$H(OCH_2CH(CBr_3))_q-$。

3.根据权利要求1或2所述的发泡剂，其中：在发泡剂中水的含量为5wt%~35wt%；和/或发泡剂的pH为7.5~10。

图4-7 权利要求1-3

18. 制备发泡剂的方法，该方法包括第一原料与第二原料在水中，任选地在催化剂存在下，进行反应，其中第一原料是选自于下列这些化合物中的多种：

$H_2N-COONH_4$，

$(NH_4)_2CO_3$，或碳酸有机胺类化合物(M)盐，

$HCOONH_4$，或甲酸有机胺类化合物(M)盐，

$HO-COONH_4$，或有机胺类化合物(M)的碳酸氢盐；

第二原料是选自于下列这些环氧化物中的一种或多种：

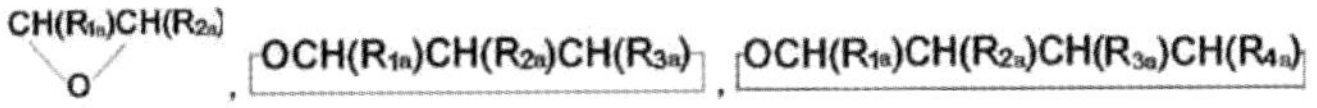

或苯乙烯氧化物；其中R_{1a}、R_{2a}、R_{3a}或R_{4a}各自独立地选自：H，任选被羟基或氨基或卤素取代的C_1~C_7脂肪族烃基，任选被羟基或氨基或卤素取代的C_3~C_7环脂族烃基，或，任选被羟基或氨基或卤素取代的C_6~C_{10}芳族烃基；

其中所述的有机胺类化合物(M)是选自下列这些中的有机胺类化合物：

C_1~C_{24}烃基胺类；

二(C_1~C_{16}烃基)胺类；

C_2~C_{14}亚烃基二胺类；

C_4~C_{16}多亚烷基多胺类；

具有三个伯胺基的C_3~C_{18}有机三胺类或具有四个伯胺基的C_5~C_{18}有机四胺类；或

C_2~C_{10}醇胺类。

19. 根据权利要求18所述的方法，其中该环氧化物是：环氧乙烷、环氧丙烷、环氧氯丙烷、环氧溴丙烷、环氧丁烷、或环氧氯丁烷或苯乙烯氧化物，或它们中任何两种或多种的混合物；和/或

催化剂是氨水。

20. 一种发泡剂，它包括由权利要求18或19所述的方法制备的产物；其中在发泡剂中水的含量为>0wt%至40wt%。

21. 根据权利要求20的发泡剂，其中在发泡剂中水的含量为5wt%～35wt%；和/或

发泡剂的pH为7.5~10。

22. 根据权利要求20或21所述的发泡剂，其中：在发泡剂中水的含量为10wt%~30wt%；和/或

发泡剂的pH为7.8~9.5。

23. 根据权利要求20~22中任何一项所述的发泡剂，其中：在发泡剂中水的含量为15wt%～25wt%；和/或

发泡剂的pH为8~9.5。

24. 根据权利要求20~23中任何一项所述的发泡剂作为聚氨酯发泡剂、聚苯乙烯发泡剂或聚氯乙烯发泡剂的用途。

25. 根据权利要求1~17中任何一项所述的发泡剂作为聚氨酯发泡剂、聚苯乙烯发泡剂或聚氯乙烯发泡剂的用途。

26. 聚氨酯发泡组合物，它包含：

0.01wt%~100wt%的根据权利要求1~17中任何一项所述的发泡剂，或根据权利要求20~23中任何一项所述的发泡剂；

0~50wt%的物理发泡剂；

0~5wt%的水，和

0.0~99.99wt%的聚合物多元醇；其中，所述重量百分比基于聚氨酯发泡组合物的总重量。

27. 根据权利要求26所述的聚氨酯发泡组合物，它包含：

0.1wt%~80wt%的根据权利要求1~17中任何一项所述的发泡剂，或根据权利要求20~23中任何一项所述的发泡剂；

0~40wt%的物理发泡剂；

0~4wt%的水，和

20.0wt%~99.9wt%的聚合物多元醇；其中，所述重量百分比基于聚氨酯发泡组合物的总重量。

图4-8 权利要求18-27

37.聚氨酯泡沫材料，其通过权利要求26~35中任何一项所述的聚氨酯发泡组合物与多异氰酸酯单体或异氰酸酯封端的预聚物进行混合后发生反应而形成。

38.根据权利要求37所述的聚氨酯泡沫材料，其中所述聚氨酯发泡组合物与多异氰酸酯单体或异氰酸酯封端的预聚物的用量比(wt)是在0.5:1~2:1范围内。

39.根据权利要求38所述的聚氨酯泡沫材料，其中所述聚氨酯发泡组合物与多异氰酸酯单体或异氰酸酯封端的预聚物的用量比(wt)是在0.5:1~1:1的范围内。

40.根据权利要求37或38所述的聚氨酯泡沫材料，其中在34~42Kg/m^3的泡沫体密度下，在10℃下导热系数w/m·k或在22.5℃下导热系数w/m·k是在0.01900~0.02200之间。

图4-9 权利要求37-40

该专利同样以发泡剂的结构限定的产品权利要求、相应的制备方法权利要求、方法限定的产品权利要求以及组合物权利要求等多组技术方案，非常详尽周密的对发明的核心技术方案予以保护。

三、文件质量分析

该专利最终成为高价值专利的重要原因之一就在于：在国家知识产权局、山东省知识产权局指导协调组织的知识产权服务团队的大力支持下，对专利技术的研发和保护制定了周密的计划，特别是专利申请的撰写达到了很高的水准，切实地实现了科技成果的有效保护。

具体来看，权利要求书是确定专利保护范围的法律文书，从两份已授权专利文本的权利要求书来看，具备以下优点：权利要求的主题名称清楚地表明该权利要求的类型是产品权利要求还是方法权利要求；独立权利要求的技术方案完整，记载了解决技术问题的全部必要技术特征，且避免了非必要技术特征存在而导致的保护范围变小；从属权利要求撰写层次分明且层层递进，使得权利要求保护范围从点扩展到面；多组不同主题名称的权利要求共同组合构成了对技术方案周密的保护，从而使得发明人获得了合理的高质量保护范围。

仔细阅读授权专利文本的说明书也可以发现，说明书的内容很好地支持了权利要求保护的范围，通过对权利要求涉及的术语和数据的详细说明、各种层次的描述概括、试验数据表现技术效果的客观记载，使得说明书清楚、完整、充分地传递了发明构思和技术方案。再加上其他组成部分，构成了优质的发明专利文本。

高质量的专利申请文件的撰写，为新型聚氨酯化学发泡剂专利后续的运营奠定了良好的基础，也使得专利的价值能够充分发挥。分析这个高价值专利的产生过程，专利检索、专利导航和专利布局等服务，确定了专利的技术水平和市场潜在价值；指导开展专利申请文件的撰写、提交等工作，弥补了新技术高价值专利布局方面的不足，成功构建了较为完善的专利保护体系，从而使得此项环保产业的尖端技术打破国外技术封锁，创造出高收益奇迹。

第五章

高价值专利创造和培育之审查环节

第一节　创造和培育策略

一、审查环节要点

专利审查部门承担着国家知识产权局赋予的重要职能，在专利生命全周期中扮演重要角色，高价值核心专利的创造和培育需要专利审查部门的参与。专利审查部门可以通过加强与申请人的沟通，并进行主动引导，保障符合市场需求、技术先进、保护范围清晰且权利稳定可期的专利得到及时授权。而在审查环节中，特别是在实质审查过程中，创新主体也应积极做好审查意见通知书的答复，使高价值专利尽快得到授权。

1. 审查质量和效率提升

专利数量与质量必须同步发展，倡导“以数量布局，靠质量取胜”。习近平总书记在主持召开中央财经领导小组第十六次会议时发表重要讲话，对完善知识产权保护相关法律法规、提高知识产权审查质量和审查效率提出了明确要求，成为新时期知识产权工作的重要指南。党的十九大报告明确提出“倡导创新文化，强化知识产权创造、保护、运用”。在新的时代背景下，以十九大精神为指引，提升审查质量和效率，围绕产业升级和新经济增长点，通过高价值专利的创造、保护和运用，为深化供给侧结构性改革提供有力支撑，才能适应加快知识产权强国建设的新形势。

（1）高价值专利筛选。

为较好地介入高价值专利创造和培育的进程中，切实发挥专利审查部门对推动专利价值形成的重要作用，审协广东中心也积极尝试开展高价值专利筛选和培育工作，一方面进一步提升审查员对审查领域的技术掌握程度，更加接近“本领域技术人员”水平，保障重点专利的审查；另一方面通过联动服务，帮助创新主体提高技术研发阶段的发明创造质量，帮助重点行业企业培育核心专利和高价值核心专利，为企业的产业转型升级提供技术和法律支撑。

高价值核心专利筛选与培育工作遵循科学探索、有序推进、与审查和服务工作相结合的原则。为便于开展后续培育工作，审协广东中心在试点阶段将筛选对象设定为已授权的国内高价值核心专利和在审的潜在国内高价值核心专利申请，重点挖掘与培育在审的潜在国内高价值核心专利申请，以期在早期就将相关专利识别出来并重点培育，从而提升培育效能。

筛选工作主要分为初步筛选和深度分析两个步骤。初步筛选从重点领域、重点来源、重点申请等方面来确定深度分析的范围，旨在缩小候选范围、提高筛选效率。深度分析则是对初步筛选确定的候选专利使用筛选指标（在通用指标的基础上，根据领域特点增补相关筛选指标）进行深度分析以进一步确定高价值核心专利。其中，对在审的专利申请的深度分析主要考虑技术维度指标。

在具体的操作过程中，首先以审查员主动提交为主，试点领域审查员通过初步筛选与深度分析提交潜在的高价值核心专利案件，经过层层审核，可能采取通过背对背打分的方式或开会讨论合议的方式，确保高价值核心专利的专业性。其次通过与对外服务小组联动，与创新主体进行充分交流，扩展筛选途径，对经创新主体提供的初步筛选的专利再次进行深度分析，保障高价值核心专利筛选的全面性。

培育工作则主要是对筛选出的在审的潜在国内高价值核心专利申请，集中审查资源和手段进行优先处理，加强对案件审查过程的业务指导，在确保审查结论正确、授权权利稳定、保护范围清晰和适当的前提下缩短申请的授权周期。

（2）高价值专利审查管理。

2018 年，我国提出将高价值专利审查周期压减一半的目标任务。高效率审查，是专利审查部门在高价值专利培育中能做的主要贡献之一。为提升审查效率，了解创新主体的诉求，在高价值专利申请的审查过程中，专利审查部门也在不断探索增进创新主体与审查部门有效沟通的方式以及提升审查效能的模式。下面以审协广东中心对通信领域涉标专利的审查模式研究为例进行介绍。

1）巡回审查。

巡回审查是指由发明专利实质审查员赴申请人所在地区与申请人、专利代理师进行沟通交流，就发明专利申请开展实质审查工作。通常情况下，涉标专利申请的技术较为领先，技术发展快速，这对审查员理解专利申请的技术内容造成了一定的障碍。因此，对涉标专利申请进行巡回审查，可促进审查员与标准必要专利涉及的企业进行沟通，帮助审查员充分了解现有技术的脉络，从而对涉标专利申请的先进性作出准确的评价。这种审查方式，可以快速提高审查员对专利申请技术的理解并提高审查效率，进而作出更为公正、客观的审查。在巡回审查过程中，还可同时开展专业技术调研、业务交流座谈、举办有针对性的讲座等活动，帮助企业更有效、更准确地获得具有一定市场竞争力的标准必要专利。

2）会晤。

会晤作为一种意见交互的辅助手段，通过面对面的形式促进申请人/专利代理师与审查员对技术问题和审查意见进行更加深入的交流与探讨，更加便捷，是专利审查中的一种有效的辅助手段。会晤提出方可以是申请人，也可以是审查员；可以就一件专利申请提出会晤请求，也可以就多件专利申请同时提出会晤请求。后者通常称之为集中会晤。会晤一般应是在审查员发出第一次审查意见通知书之后提出，有利于双方针对案件的焦点问题进行会晤，提高效率。例如，某案例涉及一种根据序列组号和序列长度选取序列的方法，审查员在审查时，基于权利要求的撰写并没有明显涉及信息交互过程，无法确定其是否能够解决该申请所声称的技术问题，而申请人为进一步澄清和解释此问题，请求会晤，就技术方案是否能够解决该申请的技术问题进行了进一步陈述。经过会晤讨论，审查员和申请人达成一致，确保了案件的结案质量。

集中会晤适用于大企业专利申请的审查，由于大企业的技术发展较快，专利申请量较多，相应的改进点也较为连贯，技术相关性强，采取集中会晤的方式可以对大企业的专利申请作出较为合理、准确的审查结论。然而，同时出现大量技术相关联的标准必要专利申请的可能性并不大，因此，这种审查方式并不能很好地适用于标准必要专利的审查。

还有一种形式的会晤是在审查员发出第一次审查意见通知书之前提出

的会晤，可增进信息的交换，有助于快速解决争议问题并加快审查进程。美国专利商标局（USPTO）于2008年4月推出第一次审查意见通知书前会晤试点项目①。美国专利商标局近几年不断改进第一次审查意见通知书发出前会晤的具体措施，并不断扩大该试点项目适用的范围。并不是所有案件都适合在第一次审查意见通知书发出前进行会晤，在美国专利商标局，对于继续申请或替代申请，可以批准在第一次审查意见通知书发出前的会晤请求，对于其他案件，只有在审查员认为这样的会晤可以推进案件审查的情况下，方可批准。而我国专利审查中涉及标准的专利申请，往往会成为高价值核心专利。该类专利申请通常技术难度比较大，对审查员的技术水平要求比较高，仅采用书面沟通，可能双方很难领会对方的真实想法。对于该类案件如果申请人提出会晤请求，而审查员认为会晤可以推进申请的审查，则可以尝试在第一次审查意见通知书发出前进行会晤，这样能够加快申请的处理，增进申请人与审查员之间的交流，有利于审查员对涉标专利的筛选认定，申请人有机会在审查开始初期便与审查员一对一地探讨解决可专利性问题，以及有机会促使尽早授权。

此外，当面会晤可能需要消耗较多的交通路程时间，除了当面会晤之外，还可以采用远程会晤的方式，例如以视频会议的形式进行会晤可以减少会晤所需的成本。

3）集中审查。

专利申请集中审查，是指将属于某一技术领域或者与某一产业相关的、由相同或者不同申请人提交的一组专利申请，以相对集中的方式进行审查。采用这种审查方式，不仅可以保持审查标准的一致性，同时有助于审查员对涉标专利申请技术内容的理解，加深审查过程中对技术知识的理解程度，进而提高涉标专利申请审查的时效性；也有助于审查员掌握相关技术的发展脉络，了解技术发展趋势，为标准制定提供依据，从而能够适时调整相应审查标准。此外，对于企业来说，涉标专利的技术改进通常存在一定的连续性。集中审查也有助于案件的集中处理，缩短审查周期，可

① 张丹，汪卫峰，赵洁，等. 美国专利商标局力推会晤审查以提高专利审批质效［J］. 中国发明与专利，2013（4）：104－107.

以对创新主体的专利申请作出较为合理、准确的审查结论，用优质的审查资源进行快速审查、高质量审查。

4）专业技术支持。

对于现行标准中的核心专利申请，当对于某些知识点或者技术发展状况了解不全面时，审查员可以咨询技术专家库中的技术专家，听取本领域技术专家或者企业相关技术人员的技术宣讲，或者前往企业与申请人进行面对面交流来获取相关技术知识，这样能够更好地理解专利申请中的技术方案，提高专利审查的准确性及效率。对于有可能对国家利益、行业整体利益影响较大的专利申请，可以在审查过程中引入技术专家评议机制或进行公开审查，也有助于审查员给出更为合适、更为客观的审查意见和结论。

审协广东中心对于在审的潜在高价值核心专利申请，在筛选培育过程中注重加强与创新主体的沟通和交流，通过举办龙头和技术说明会，与社会服务充分联动，挖掘企业的实际需求，提高企业对于高价值核心专利的认识，也确保了高价值核心专利筛选和培育工作的准确度。同时，结合实际积极探索有效培育途径和模式，在确保审查结论正确、授权权利稳定、保护范围清晰和适当的前提下缩短授权周期。如通过监控审查周期，采用电话沟通、会晤、巡回审查等多种方式，加强与创新主体的沟通和交流；通过赴企业调研，与企业就高价值核心专利的技术价值维度以及法律价值维度进行深入探讨，为企业提升专利申请文件的撰写质量、制定专利布局策略提出建议，有力促进企业知识产权创造、保护和运用水平，推动高价值核心专利培育。

2. 缩短审查周期——加快审查

除了专利审查部门在审查过程中提升审查效率可利用的多种审查模式外，对于标准必要专利等高价值专利，创新主体常常在提出申请时就有缩短审查周期、尽快获得授权的需求。因此，创新主体也有必要了解在普通审查制度之外可选的相关加快审查制度，从而及早有效利用其加快审查进程。以下对国内外的相关加快审查制度进行介绍。

（1）美国专利审查加快机制。

美国很早就有关于专利加快审查的规定。对于满足一定条件的专利申请，申请人可提出特殊化请求，请求对专利申请实行优先或加快审查。

美国的专利审查程序手册（1998 年修订版）中已有关于加快审查程序的规定。根据该规定，满足一定条件的专利申请，可提出优先或加快审查的特殊化请求。但对于适用该加快审查程序的专利申请，美国专利商标局并未明确规定专利审查完成的时间。此后，2006 年 8 月，美国专利商标局对专利审查程序手册中的有关内容作了修改，缩小了可以提出优先审查请求的专利申请范围，并对加快审查程序作出新规定。新规定对适用加快审查程序的专利申请的限定性条件有所提高，并对审查完成的时间作出明确规定。

1）优先审查。美国的专利审查程序手册（2006 年修订版）第 708. 02 条规定，对于 2006 年 8 月 25 日（含当日）以后提交的请求优先审查的特殊化请求，只有因申请人的年龄或健康问题而提出的请求以及“专利审查高速路”（PPH）项目中的申请，才可获得批准。也就是说，目前在美国，优先审查的适用范围仅包括因申请人的年龄或健康问题而提出特殊化请求的专利申请以及 PPH 项目中的专利申请。对其余专利申请都不再设置优先审查程序，而统一改为加快审查程序。

2）加快审查。自 2006 年 8 月起，美国对加快审查程序提高了限定性条件。美国的专利审查程序手册（2006 年修订版）第 708. 02（a）条规定，请求应用加快审查程序的专利申请除须满足一般程序中对专利申请文件的规定外，还需满足一定的特殊规定。例如，递交专利申请时，申请人须提供“加快审查支持文件”，就专利申请的各项权利要求如何获得说明书支持以及如何具有可专利性作出详细解释。而对于一般审查程序中的专利申请，根据 2006 年 1 月美国专利商标局作出的一项规定，权利要求数量超过 10 项的专利申请才须提供该“加快审查支持文件”。

3）加快审查程序。长期以来，美国对专利申请坚持实行完全审查制。1999 年美国颁布的发明人保护法规定，除外观设计外，专利申请应自申请日起满 18 个月即行公布，并且可以按照申请人的要求提前公布。该规定适用于 2000 年 12 月 29 日以后的专利申请。此外，美国实行自动审查制，即对于发明专利申请，一经提交后，申请人不需另行提出实质审查请求，即自动进入审查阶段。在专利审查顺序方面，除特殊规定外，对专利申请不得提前进行审查，应按照其在美国的有效申请递交日的先后顺序安排审查。因此，对于2000年12月29日以后提交的美国专利申请，一般要先进行自申请日起满18个月的申请公布程序，再根据申请日的顺序安排专利审查。对于实行优先审查的专利申请，美国并未就专利审查期限作出规定。但是对于2006年8月以后实行加快审查的专利申请，美国的专利审查程序手册（2006年修订版）对审查员发出审查意见通知书以及申请人的答复期限均作了具体规定。首先，为实现自申请日起12个月内完成专利审查的目标，美国专利商标局对于满足加快审查程序要求的专利申请会迅速（自加快审查请求批准后的两周内）开展审查工作。除授权决定外，美国专利商标局需先安排与申请人进行会谈，若通过会谈仍未满足授权条件，再发出审查意见通知书。其次，对于美国专利商标局作出的审查意见，除授权决定或其他最终决定外，申请人须在1个月或30天（取其长者）内作出答复，且该期限不能延长。申请人若未按时提交答复意见，申请将被视为放弃。另外，审查员在收到申请人答复后，须在两个星期内作出最后审查决定。由于适用加快审查程序的专利申请将自申请递交日起12个月内完成审查工作，因此对于适用该程序的专利申请将没有专利申请公布程序。根据该加快审查程序，美国专利商标局的专利审查周期同以往相比可缩短25%～75%。截至2009年2月5日，美国专利商标局应用新的加快审查程序的专利申请的平均审查周期如表5－1所示。

表5－1　应用新的加快审查程序的专利申请平均审查周期表

（单位：天）

审查程序	平均审查周期（自申请日起）
发出第一次审查意见通知书	157
完成全部审查	197
颁证	296

美国专利商标局于2002年制定的21世纪战略计划在工作效率方面确定的目标是确保专利平均结案时间能够稳定保持在18个月。为此制定的措施包括：与其他专利审查机构共享检索结果，避免重复劳动；外包分类和检索职能，通过借助其他组织的检索结果，减轻现有技术检索负担，使审

查员尽可能集中精力专注于核心职能，提高工作效率；加强对雇员的技能培训，确保各类工作人员具备履行各自职责所需要的技能；通过立法制定收费标准，减少专利申请中要求审查的权利要求数目以及申请文件的规模。

4）实施“公众专利评审项目”。2007 年 6 月 15 日，美国专利商标局开始实施“公众专利评审项目”（Peer-to-Paten）。该项目可由申请人自愿免费参加，申请人须同意美国专利商标局就其专利申请向公众征求意见（美国现行法律规定，非经申请人同意，公众无权就其专利申请提交意见书）。参与该项目的专利申请将在公众专利评审网站上予以公布，接受为期 4 个月的公众评议。在此期间，专业人士可对其进行审阅，并在审查员进行实质审查之前，就专利权利要求内容提交相关的技术参考文件，以便审查员在较短时间内掌握更多的相关技术信息，从而缩短专利申请的审查周期。

（2）欧洲专利局加快审查机制。

欧洲专利局自 1996 年开始实施加快专利审查的 PACE 项目（Programme for Accelerated Prosecution of European Patent Applications）。申请人不需缴纳任何附加费用，即可通过该机制尽快获得专利检索报告、第一次审查意见通知书以及欧洲专利授权。

已于 2007 年生效的欧洲专利公约（2000 年版）对于 PACE 项目进行了完善，有关 PACE 项目包括以下具体内容。

1）加快检索。如果申请人希望加快专利检索程序，可以提出书面申请，不需要任何理由，且不需要支付任何额外的费用。对于加快检索请求，欧洲专利局不会进行公开，仅作为内部处理的依据。对于没有要求优先权的欧洲专利申请，欧洲专利局通常会自行启动加快检索程序，无须申请人专门提出加快请求。欧洲专利局一般在自申请日起 6 个月内完成欧洲专利检索报告。对于要求优先权的欧洲专利申请，申请人可以在提交专利申请的同时提出加快检索请求，启动加快审查程序。对于此类专利申请，欧洲专利局会尽快出具专利检索报告。

2）加快实质审查。申请人如果希望加快实质审查程序，可以在提交欧洲专利申请时以书面形式提出加快审查请求，也可以在答复检索报告时或之后提出加快审查请求。与请求加快检索相同，请求加快实质审查不需要任何理由和任何附加的费用。对加快实质审查的请求，欧洲专利局同样不会公开。欧洲专利局规定，PACE 项目仅在实际可行时才能保证效果。对于一些特定技术领域的专利申请，项目实行效果将由于 PACE 项目的实际请求数量而有所限制。

欧洲专利局对于专利申请实行先申请制以及早期公开和延迟审查制。欧洲专利申请自申请日（或优先权日）起 18 个月进行申请公布。申请人也可以在 18 个月期限届满前请求提前公布。欧洲专利公约规定，对专利申请经形式审查后进行专利检索，对发明的新颖性和创造性作必要的审查。欧洲专利申请人应在检索报告公布之日起 6 个月内提出实质审查请求。专利申请经实质审查合格，即授予专利权。

（3）日本的加快审查制度和特快审查制度。

专利兴国是日本的国策，而且伴随以尖端技术领域为中心的技术创新和进步，日本的国内发明专利申请内容趋于复杂化，发明专利申请的平均权利要求项数自 2000 年以来稳步上升，审查工作量亦由此逐年增长，且这一倾向仍将持续。因此，日本在通常审查制度的基础上创立了加快审查制度和特快审查制度，通过加快审查进度减少专利审查的沉积现象，目标是将专利审查期从平均 26 个月缩短到 11 个月左右。

1）加快审查制度。早在 1986 年，日本就创立了加快审查制度，根据申请人的申请提前进行审查。该制度规定，可以请求加快审查的申请包括：中小企业、个人、大学或公立研究机构等提出的申请；申请人或被许可人正在实施或计划 2 年内实施的申请；申请人已在日本以外的国家和地区提交了相应的申请；绿色申请。在加快审查中，从申请到发出第一次审查意见通知书的时间缩短到平均 2. 2 个月，并使整个审查时间由通常的2 ~ 2. 5 年缩短到平均 5. 9 个月。

2）特快审查制度。为进一步加快专利审查步伐，满足用户对缩短授予专利权时间的需求，日本还创立了比加快审查制度更快的特快审查制度，该制度于 2008 年 10 月 1 日开始试行。运用该制度的第一件专利，申请人于 2008 年 10 月 1 日提出实审请求和特快审查请求，日本特许厅于当月 17 日就发出授权决定，速度之快令人震惊。与加快审查制度相比，特快审查更为重视申请的重要性，但不限于特定的技术领域。可以运用该制度的申请须同时满足以下两个条件：申请人或其被许可人正在实施或者计划在 2 年内实施；申请人在日本以外的国家提交了相应的专利申请。

自 2009 年 10 月 1 日起，日本继续完善审查事务处理系统，并将 PCT 申请列入特快审查范围，但须满足下列要求：正在实施的关联申请，且为外国关联申请；申请日之前 4 周以上联机提交所有的申请手续，以书面提交的申请则不可作为特快审查的审查对象。此外，日本还对特快审查的申请中各阶段的期限作出了明确的规定，具体要求如下：自特快审查申请日起 1 个月以内（国际申请自特快审查申请日起 2 个月以内）发出第一次审查意见通知书；申请人或代理人的答复期限为第一次审查意见通知书发出日起 1 个月（居住在外国的申请人为 2 个月）以内；所有申请（含国际申请）的第二次审查意见通知书应在答复意见后 1 个月以内发出。

（4）英国的专利审查“绿色通道”。

英国是最早实施绿色专利加速审查实践的国家。英国知识产权局（UKIPO）在 2009 年 5 月 12 日启动对环境友好型技术的专利申请优先审查的程序，叫作“绿色通道”（Green Channel）。作为面向气候变化积极改革现有专利制度的先行国之一，“绿色通道”是英国政府应对气候变化的重要措施。这一全球最早实施的绿色专利加速审查程序主要有以下三个方面的特色。

1）适用范围广泛。“绿色通道”唯一的适用条件就是专利申请对环境有益，除此之外没有任何限制。对于什么样的技术对环境有益，UKIPO 没有做任何规定。对专利申请的技术是否对环境有益，UKIPO 也没有设置专门的审查员进行审查，而仍然由现有技术领域的审查员审查这类请求。

2）申请程序简单灵活。“绿色通道”规定适用该程序只要提交一份书面的申请，申请中只需声明两点：说明专利申请涉及环保技术；说明希望选择哪些选项或组合进行加快。与其他类似程序不同的是，“绿色通道”为专利申请者提供了三种可供选择的加速程序，包括要求检索和实审合一（Combined Search and Examination，CSE）、要求加速检索和（或）审查（Accelerated Search and/or Examination）以及要求快速公开（Early Publication）。申请人可以根据自己的需要灵活选择申请适用其中的一种或者多种加快程序。专利申请如果能适用“绿色通道”程序进行审查，可以只用9个月就审查完毕，而在UKIPO的普通专利申请则需要2~3年的时间才能审结。

3）注重绿色专利信息平台的建设。在“绿色通道”的基础上，UKIPO于2010年6月4日启用绿色通道专利申请数据库（Database of Green Channel Applications，GCP数据库）。GCP数据库的目的是将绿色专利收集在一起，使得公众更容易接触到这些数据和信息。截至2012年1月28日，该数据库中共有416件专利申请。另外，作为与“绿色通道”相关联的行动，UKIPO于2010年4月公布了其环境友好型技术专利分类索引体系。绿色技术专利索引以及绿色通道专利申请数据库的建立有利于绿色理念的确立，同时对于绿色技术的许可及传播有很好的促进作用。

（5）我国的加快审查、优先审查机制。

根据早期国家知识产权局的发明专利申请提前审查的暂行管理办法的规定要求，符合以下条件的申请可以得到加快处理。①申请加快审查的条件：限于“已经公开、已经提出实审请求并缴纳实审请求费，尚未进行实审”的发明专利申请；申请人必须是中国大陆的个人或企业。②请求加快审查的范围限于下列之一：申请所涉及的发明对国家利益或公共利益有重大意义；在专利申请公开后，他人实施其发明，对申请人的利益产生重大影响；涉及以申请发明作为无形资产投资的重要项目；对于承担国家重点科研项目（包括国家重大专项、武器装备研制项目、863计划、973计划、国防基础科研项目、民用科研计划、军民两用计划及军转民高技术开发计划、国家自然基金等）过程中产生的职务发明，不涉及国家秘密，并已向中国知识产权局申请了专利并获得专利申请号的，且满足下列条件之一：①该专利具有较大的市场前景或产业化前景；②已签订技术转让合同或技术使用合同；③利用该专利技术积极开拓国际市场；④属于重大基础发明，占领技术制高点。

2017年，《专利优先审查管理办法》（以下简称《办法》）审议通过，自2017年8月1日起实施。《办法》明确指出加快审查、优先审查的基础仍然是专利法和专利法实施细则的有关规定，其宗旨是促进产业结构优化升级，推进国家知识产权战略实施和知识产权强国建设，服务创新驱动发展，完善专利审查程序。

《办法》第三条第一至三款明确规定：涉及节能环保、新一代信息技术、生物、高端装备制造、新能源、新材料、新能源汽车、智能制造等国家重点发展产业，涉及各省级和设区的市级人民政府重点鼓励的产业，涉及互联网、大数据、云计算等领域且技术或者产品更新速度快的专利申请或专利复审案件均可以请求优先审查，以加快审查进程。对于已批准进行优先审查的发明专利申请，应当自批准之日起，在四十五日内发出第一次审查意见通知书，并在一年内结案。

3. 审查意见答复

审查环节中极其重要的文件之一就是审查意见通知书，审查意见通知书是审查员与申请人之间沟通交流的重要工具之一。审查员可以通过审查意见通知书指出申请文件中不符合规定的缺陷或提出对申请文件中的技术方案不清楚的地方，申请人需通过意见答复进行意见陈述或申请文件修改，消除审查员的疑虑。对于高价值专利创造和培育来说，申请人更应注重高质量地答复意见，避免因答复偏差造成专利不能被授权或保护范围不必要的缩小。

申请人在收到审查意见通知书之后，首先应当关注的是时间期限，如果不能按期答复，那么申请将会视为撤回，这会对申请人造成很大的损失。

其次，实质审查过程中答复通知书的三种方式包括陈述意见、提交证据和修改。可根据具体审查意见，任意组合使用这三种方式。

通知书最后给出的结论性意见包括三种情形。一是申请人应按照通知书正文部分提出的要求，对申请文件进行修改；二是申请人应在意见陈述书中论述其专利申请可以被授予专利权的理由，并对通知书正文部分中指出的不符合规定之处进行修改，否则将不能授予专利权；三是专利申请中没有可以被授予专利权的实质性内容，如果申请人没有陈述理由或者陈述理由不充分，其申请将被驳回。

对于第一种结论的情形，一般指示该申请具有授权前景，按照审查意见认真修改即可；对于第三种情形，一般指示该申请不具备授权前景，而如果针对审查意见通知书中提出的缺陷进行充分的意见陈述或修改，则仍然有扭转的可能性；对于第二种情形，则指示并不非常明确，答复时，申请人应当根据审查意见通知书的具体情况以及自身对于申请的理解进行判断选择，是根据审查意见修改申请文件，或是陈述意见，还是将两种方式结合进行答复，若答复未得到审查员认可，则有可能导致申请被驳回。无论如何，在答复审查意见之前要认真解读审查意见，在此基础上确定答复方式。

再次，要全面细致地对审查意见进行答复，可以从以下几个角度出发：逐条针对所述问题作出答复；针对审查意见进行全面分析，切勿在整个陈述的过程出现前后矛盾的问题；避免答复时带入新的实质性缺陷，如在公开不充分提交证据时带来创造性的问题或修改时不注意导致公开不充分的问题等。

在答复审查意见时，应当做到层次分明，最好能做到：先针对接受的意见进行答复，再对不同意的意见进行答辩，论述理由层次分明、条理清楚。这样做的好处是，审查员在阅读时可以很快获知是否进行了修改，意见陈述的重点在哪，能帮助审查员正确地理解意见陈述的内容。

在答复审查意见时，需要做到有理有据，即：以专利法及其实施细则和审查指南为依据进行论述，以现有技术和申请原始记载的信息为证据。

对审查意见进行答复时，针对不同的条款，可以采用不同的回答方式，但总体上均应当遵循三条原则，包括全面答复原则，以专利法、专利法实施细则和专利审查指南为依据原则，保护范围最大原则。

全面答复原则是指：①在答复审查意见时，需要根据审查员指出的所有确实存在的缺陷（不包括审查意见存在错误的缺陷）逐条进行答复（包括修改申请文件、陈述意见或提交证明文献）。②由于审查员在审查中，有时会因疏忽而没有发现申请文件中存在的缺陷，如果申请人在答复时发现了此类不符合专利法或其实施细则规定的缺陷，应当主动对其进行修改，以缩短审查周期。③通过对审查意见进行全面的答复，可以缩短审查周期，避免由于多次没有针对审查员的意见进行答复而导致的驳回。

以专利法、专利法实施细则和专利审查指南为依据原则是指申请人在答复审查意见的时候需要按照专利法的规定进行修改、陈述意见等。首先，在修改的方式和时间上需要根据《专利法》第 33 条“申请文件的修改不得超出原说明书和权利要求书记载的范围”和《专利法实施细则》第

51 条第 3 款“应当针对通知书指出的缺陷进行修改”进行。其次，在修改的内容上，也需要按照专利法、专利法实施细则和专利审查指南规定的内容进行修改。例如审查员提出了涉及创造性的意见，申请人应当根据专利审查指南等的规定进行答复，与之无关的答复意见审查员往往是不会接受的。

保护范围最大原则是指在答复的时候需要尽可能扩大自己的保护范围，而不是为了授权而将自己的保护范围缩得很小，毕竟保护范围越大对以后可能的侵权诉讼越是有益。另外，在审查过程中做出修改或者陈述的意见，对权利人是有约束作用的，在侵权判定过程中，不能做出与之相反的解释，需要保护范围前后一致。可见，如果随意地缩小自己的保护范围，对将来的保护是很不利的。

此外，在答复中提交证据也是一个很重要的环节。证据是指用于证明事实的客观材料。证据通常包括辞典、教科书、工具书，现有技术，对比试验的结果等。按照时间来分类的话，可以分为申请日以前的证据和申请日以后的证据。申请日以前的证据主要包括辞典、教科书、工具书和现有技术。申请日以后证据主要包括可以对所要求保护的理论或原理提供清楚解释的文献，或者可以显示出所要求保护的发明的推理或事实正确的文献，以及对比试验的结果等。在专利审查中，证据的作用通常是用于证明申请文件以及审查过程中的一些事实是否正确，其主要包括用于辅助评价创造性（对比试验的结果），用于证明申请文件是否公开充分，用于证明申请文件中的措辞是否清楚。

总的来说，只有按照相关的规定进行答复，审查员才有可能接受答复意见，赞同答复观点；反之，如果完全按照申请人自己的想法进行答复，审查员往往是不会接受的。另外，如果申请人在答复时仅仅提出自己的观点，而没有任何的证据进行证明，审查员往往也是不会接受的。这就要求申请人尽量提供证据来证明自己的观点是正确的。

二、目标与时机

审查环节的目标，一方面从专利审查的执行机构也就是专利审查部门的角度来说，是要加强对高价值专利的甄别，提高高价值专利的审查质量和效率，确保高价值专利的审查结果正确、授权范围准确；另一方面从专利审查的参与主体的角度来说，是要申请人、专利代理机构与专利审查部门高效、高质量沟通，共同让高价值专利尽快获得授权并发挥专利价值。因此，重点要把握的就是可有效提升专利质量并缩短授权周期的时机。

1. 必要沟通时机

为提升审查效率，了解创新主体的诉求，在高价值专利申请的审查过程中，通过多种方式增进与创新主体的有效沟通尤为重要，本书在前文中已经对一些沟通方式进行了介绍，下文对采用这些方式的时机进行介绍。

一般而言，为保证高价值专利的授权周期，在申请人答复审查意见通知书后，审查员会视情况尽早对案件进行处理，对于一些次要的非实质性问题，审查员可以尽量通过电话讨论等方式与申请人进行沟通解决，避免发出过多的通知书。

如果仅采用电话沟通解决不了问题时，则适宜采用会晤沟通。例如有需要展示的对象，有多人同时参与交流的需要，或是会晤有利于澄清问题、消除分歧、促进理解时，审查员可以约请申请人会晤，以加快审查程序。

对于对国家利益或者公共利益具有重大意义的专利申请，中小企业、高校或科研院所提交的申请，或是审查部门认为有必要开展巡回审查的申请，审查部门也可以在专利申请进入实质审查阶段且尚未审结时，根据实际需要开展巡回审查工作。由发明专利实质审查员赴申请人所在地区与申请人、专利代理师进行沟通交流，就发明专利申请开展实质审查工作，以加快审查程序。

2. 修改及答复时机

按照专利法实施细则的规定，在实质审查的过程中，申请人仅在两种情形下可对发明专利申请文件进行主动修改：一是在提出实质审查请求时；二是在收到国家知识产权局发出的发明专利申请进入实质审查阶段通知书之日起的三个月内。因此，在审查环节，如果申请人及时自主发现了申请文件中的缺陷并有利于后续审查进程的加快时，申请人应当把握住以上时机对申请文件进行主动修改。而答复的期限也是需要关注的，因为在

《专利法》第三十七条中明确规定了答复审查意见必须在规定的时间内进行，如无正当理由逾期不答复，申请将被视为撤回。而如果因为延误答复期限导致申请被撤回、授权过程终止，对申请人来说则是非常不值得的。

因此申请人必须在规定的期限内进行答复，通常第一次审查意见通知书的答复期限为4个月，其他通知书（第N次审查意见通知书、分案通知书、避免重复授予专利权通知书）通常为2个月。另外，答复的期限还包括邮寄的时间，这是由于在国家知识产权局专利局通过邮寄方式发出通知书后，在邮路过程需要花费时间，该时间统一定为15天。

在一份审查意见通知书中，通常审查员会指出申请文件中存在的所有问题，其中有些问题相对容易答复，而部分驳回条款的答复一般比较困难，如果答复不好，会影响专利申请最终能否被授权。因此，如果审查员针对这些条款提出问题的话，需要对其重点关注，预留充足的时间进行意见答复。

如果申请人由于特殊原因如在规定的时间内无法完成对比试验等，导致无法在规定时间内答复，可以向国家知识产权局专利局提出延期的请求，通常延期的时间可以为2个月。

在答复的过程中，除了审查意见答复之外，申请人也可以利用一些其他的沟通方式推动审查进程的加快。比如如果申请人发现审查员由于疏忽等导致所用对比文件的时间有误，此时可以直接与审查员电话沟通，找出对比文件时间错误的原因。如果对比文件内容与本申请不相关，或者审查员对申请文件或对比文件的理解有误，则不能作为对比文件使用，此时同样也可以和审查员进行电话沟通，或者直接在答复意见中指出。此外，申请人也可以在必要时提出会晤请求，与审查员进行面对面沟通。

三、审查环节培育

高价值专利的产出也被形象地比喻为裁缝制衣，一件优雅、合体的成衣制作需要好的布料和裁缝师傅精妙的技艺。高水平的创造就是好的布料，高水平的创造越多，产生高价值专利的源头就越广泛。高质量的专利申请是高价值专利的初级制作品，通过高效率的审查最终授权的专利则是高价值专利的最终成品。申请和审查两者合起来相当于做了裁缝师傅的活。更形象的比喻是，申请是将发明创造加工成一块璞玉，而审查则通过与申请者的交互共同将璞玉雕琢成精妙的美玉。裁缝和雕琢师傅的技艺精湛与否对成品最终的质量具有至关重要的影响。

1. 审查部门

2016 年年底，国家知识产权局出台了专利质量提升工程实施方案，明确提出以“高水平创造、高质量申请、高效率审查、高效益运用”为目标，全力做好核心专利培育。做到专利质量提升工程中要求的高效率审查是审查部门的基本职责，也是审查部门在高价值专利培育中能做的主要贡献。高效率审查既包括审查质量维度的要求，又包含审查周期维度的要求。在高价值专利的产出中，不仅授权结果应当准确，授权时机也应与专利价值实现的市场时机相适应。

社会服务是深化专利审查与经济、产业融合度的手段。合理利用审查部门所具有的资源优势、人才优势、信息优势、政策优势，可以通过各类公益的、商业的高水平服务促进高技术创造、高质量申请和高效益运营。

要做到专利质量提升工程中要求的高效率审查、做好高价值专利的培育，专利审查部门可以通过一定的方式将潜在高价值的专利筛选出来，配置优质的审查资源、发挥质量保障体系的作用，做到“重要专利重点审”。此外，从审查周期上看，审查部门可探索实行多轨制审查机制。目前，审查部门提供加快审查、普通审查两种审查方式。申请人可以通过掌握请求实质审查的时机、回复审查意见通知书的时机来达到促进部分审查进程的目的，但这种方式是较为粗放的。从国外的实践经验看，韩国提供延迟审查服务，申请人可以申请对某些特殊案件延迟进行审查。当标准制定进程明显落后于专利审批进程，这对于某些涉及标准的专利是有益的，这种情况下申请人需要依照标准对申请文件进行适应修改。从审查形式上看，综合集中审查、巡回审查、会晤、专家咨询等多种方式将会大有裨益。针对各个领域高价值专利的特点，专利审查部门灵活使用上述各种审查形式，确保高价值专利的审查效率，做到高标准授权。从审查质量上看，则要加强对高价值专利申请质量的保障力度。

2. 申请主体

提交专利申请后，申请人应该自行或在知识产权专业服务机构的协助下，加强对全过程的跟踪，对专利申请进行分级、分类管理；对重要专利申请，可以通过提交加快审查、优先审查申请或利用知识产权保护中心预审通道等方式缩短审查周期。

审查过程中，申请人应该自行或在知识产权专业服务机构的协助下正确理解审查意见通知书的内容，撰写意见陈述书或修改申请文件，必要时积极利用专利审查绿色通道加强与审查员的沟通交流，争取最大权益，保障专利保护范围合理、稳定，及时获得高价值专利权。

第二节　案例分析——审协广东中心高价值专利筛选培育实例

审协广东中心在探索高价值专利筛选培育的过程中，大力加强与创新主体的沟通交流，并将其与专利质量提升、专利转化运用等服务工作有机结合，注重对申请人在答复审查意见通知书时做出专利申请文件合理修改的引导，注重对符合市场需求、技术先进、保护范围清晰适当且权利稳定可期的专利权及时授权，以期将专利审查促进科技创新水平提升以及促进专利市场价值实现的双向传导作用最大化发挥，本节选取几个案例进行介绍。

一、利用答复达成共识

某专利申请要求保护一种抗菌剂的生产工艺，所使用醇类化合物经过与偶联剂反应得到带有部分羟基官能团的稳定的醇类交联聚合物，将具有抗菌性能的环氧基季铵盐类抗菌剂接枝到醇类交联聚合物分子链上后，能够大大增强抗菌剂的稳定性。由于醇类化合物为亲水性化合物，作为带有部分羟基官能团的稳定的醇类交联聚合物，其依然具有良好的亲水性。因此，在纸张的烘干过程中，醇类交联聚合物会随着纸张中水分的蒸发而向纸张的表面迁移，利用这一特性，在醇类交联聚合物随纸张中水分的蒸发而向纸张的表面迁移的同时，接枝到醇类交联聚合物的分子链上的环氧基季铵盐类抗菌剂也随之迁移到纸张的表面，从而解决了现有技术中因为有机抗菌剂停留在纸张内部而无法充分发挥抗菌效果的问题。

审查员经过检索发现，现有技术中关于该技术并无相关披露，未发现可以评述新颖性、创造性的对比文件。在考虑授予专利权前，审查员发现权利要求 1 请求保护的范围较大，所请求保护的抗菌剂的生产工艺未涉及各组分的相对含量及 pH 值。而该专利申请所取得的技术效果与其发生的化学反应密切相关，化学反应的发生与其中各反应物的添加量及反应条件有密切关联。审查员基于上述考虑，认为权利要求 1 请求保护的范围应当与其实际做出的技术贡献、已证明可以实现良好技术效果的范围相匹配。而申请人认为该专利申请中并没有限定在某个含量条件下制备的抗菌剂才具有较好的稳定性，说明书中给出的用量仅为一种实施方式，抗菌剂具有良好稳定性的原因在于将环氧基季铵盐类抗菌剂接枝到醇类交联聚合物分子链上。审查员接受了申请人的观点并再次对该专利申请进行检索，没有发现可以评述本申请新颖性和创造性的现有技术，也未发现与该专利申请的技术相关联的现有技术，也就是说该专利申请请求保护的是一种较为新颖、较为先进的技术，审查员意识到该专利申请是一件具有较高价值的专利申请。

高价值专利的一个重要特征就是具有良好的稳定性。当被授予专利权的专利被提出无效宣告请求后，经过国家知识产权局专利局复审和无效审理部的审查仍然维持有效的专利则具有良好的稳定性。权利要求撰写得越清晰、每一项权利要求所界定的保护范围层次越合理，专利被提起无效宣告请求后仍能维持有效的概率越高，专利的稳定性越好。基于此原则，审查员再次对上述专利申请进行了研究。由权利要求书的撰写方式可以看出，该专利申请从抗菌剂制备方法、抗菌剂产品以及产品应用的纸张三个不同层次进行了保护，并且采用了多项从属权利要求分别进一步限定的策略，权利要求保护的范围和层次分明、层层递进，其技术较为新颖、先进，未发现与该技术相关联的现有技术。因此，审查员预期该专利申请按照目前的权利要求授权后被提出无效宣告请求的可能性较小，即使有请求人提出无效宣告请求，鉴于该专利申请的权利要求书采用分层递进式的撰写方式，无效宣告请求审查过程中，申请人有非常广阔的修改空间，审查员认为可以接受申请人的意见陈述，在尽可能地给予该高价值专利更大保护范围的同时，使其获得较高的稳定性。

二、利用会晤提升效能

某专利申请涉及一种浆纱机，包括机台、导纱装置及设置在机台上用于检测经轴上纱线是否断头的第一检测部件、烘干装置及设置在机台上用于检测烘筒上的纱线是否断头的第二检测部件、浆纱装置及设置在机台上用于检测浆纱槽内的纱线是否断头及缠绕的第二检测部件、显示装置，所述导纱装置还具有第一导轨与第一驱动元件以及第二导轨与第二驱动元件，第一导轨横向设置在相应的经轴的上方，第一检测部件设在第一导轨上，第一驱动元件用于驱动第一检测部件沿第一导轨运动，第一导轨滑动设在竖直设置的第二导轨上，第二驱动元件驱动第一导轨沿第二导轨运动。该专利申请的多个检测部件独立设置，并分别直接对应需要检测的部位，各检测部件与现实装置连接，通过本申请的多个检测部件可以实时、准确地监测各个装置内的纱线状态。通过对浆纱槽的前段和浆纱槽内的纱线的情况进行实时监测，可以保证纱线浆纱过程的顺利进行，保证在浆纱之前和浆纱时不会出错，而不是在浆纱之后监测其是否出错。

该专利申请在被授权之前，审查员与申请人进行了一次会晤，申请人指出该专利申请中浆纱时设置的断毛检测装置设定的具体位置与对比文件2中不同；补充的对比文件3虽然公开了检测装置能够实现水平和竖直方向的动态调整，但是主要用于检测毛球数量，与该专利申请的检测断毛不同。然而，审查员指出，浆纱时断毛检测装置具体设置在浆纱之前还是浆纱之后，主要取决于浆纱时的纱层厚度，但是权利要求1并未体现浆纱前的经轴的排布；在导纱装置部分设置的能使断毛检测装置在水平方向和垂直方向上进行动态调整的结构并未限定在权利要求1中，而该专利申请的核心发明点在于能对断毛检测装置进行动态调整，这部分技术特征应在权利要求 1 中具体限定。会晤后，申请人修改了权利要求，将体现浆纱线的经轴排布以及对断毛检测装置进行动态调整的技术特征增加到权利要求 1 中，审查员随后授权。

在会晤过程中，审查员还就如何培养高价值核心专利等方面内容与企业进行了交流。审查员指出，专利权的保护范围以其权利要求的内容为准，因此，权利要求保护范围越大对企业来说是越有利的，可以更大程度地保护企业的发明创造。但是，权利要求保护范围大也面临着其他问题，如公开概括性技术特征所涵盖的具体技术特征而导致权利要求不具备新颖性和创造性，从而难以获得授权或者在授权后被宣告无效。因此，在实际案例中，权利要求保护范围应该保持在合适范围，使专利申请既能获得稳定的专利权，又能最大限度地保护发明创造。具体到上述专利申请，首先，该专利申请解决的技术问题是监测浆纱过程以便及时发现问题，并设置了检测装置，同时，对浆纱过程之前的导纱装置和烘干装置同样设置了检测装置，以便多方位进行检测。在原权利要求中虽然限定了检测装置，但是并未限定发明点——对断毛检测装置进行动态调整，从而导致权利要求难以获得授权。其次，该专利申请的发明点是对导纱、烘干、浆纱过程断毛进行检测以及对断毛检测装置进行动态调整，而显示装置是对检测结果进行显示，对断毛检测以及断毛检测装置的动态调整均没有实质限定作用，因此，可以考虑作为一个从属权利要求，从而扩大独立权利要求保护范围，使专利更好地保护发明创造性和申请人的智慧成果。

三、实践交流深化价值

在赴某企业进行实践的过程中，审查员发现企业对专利奖的评选标准比较关注，而专利奖的评选同样是以专利的价值为基础进行的，因此，以该企业的一项发明专利为例，审查员从技术价值和法律价值两方面，就高价值专利的评选与企业进行了有效沟通。

从技术价值的角度考虑，该专利请求保护一种高纯度高聚合度水不溶性结晶Ⅱ型聚磷酸铵的制备方法，限定具体的制备步骤和具体的原料配比、加料顺序等工艺参数细节。据企业介绍，目前该聚磷酸铵的制备方法生产的产品已应用于聚石化学的无卤阻燃产品中。该专利要求保护的聚磷酸铵的制备方法中用到的加热、通氨、搅拌、洗涤、压滤、干燥操作，都是通用工艺/手段，双螺杆捏合器、搅拌器、压滤机也都是常规的生产设备。基于通用的工艺/手段，利用已有的常规生产设备该专利即可实施，在加工精度、工艺条件等方面也没有特殊要求，实施难度不大。在现有技术中，如果反应物的计量比、反应物的纯度和活性以及整个过程中氨化反应不完全等方面出现问题，会导致聚磷酸铵的聚合度较低；如果聚磷酸铵在高温出釜后未进行保护处理，会导致其在环境出现断链等缺陷。上述发明专利制备的聚磷酸铵聚合度较高，具有较好的耐水性、较高的起始分解温度，产品品质较好。虽然现有技术中有替代性的聚磷酸铵的制备方法，但该专利比现有技术更先进，更有优势，在塑料、织物、皮革、高档防火涂料、橡胶纸张、木材、纤维等的阻燃领域有着广泛的应用。从专利的成熟性、实施难度、先进性、可替代性、适用范围等角度综合考虑，该专利无疑具有较高的技术价值。

从法律价值的角度考虑，该专利目前处于专利权维持状态，授权的专利截至 2022 年还有 9 年的保护期，未检索到有效授权的基本专利，也未检索到衍生专利，专利的依赖性较高，比较稳定，并且已向美国申请专利，并获得授权，表明他国也认可所述聚磷酸铵的制备方法的专利性。

该专利虽然是该企业的重点专利，但是其仍有不足之处。该专利的授权文本中仅有一项独立权利要求，保护范围过小，且为方法权利要求。而众所周知，由于制备方法中涉及的各项操作和参数现场取证难，因此制备方法权利要求的侵权判定要难于产品权利要求和用途权利要求，并且该专利限定的聚磷酸铵的制备方法的细节限定（例如原料五氧化二磷、供氨化合物、偶联剂的比例）较为具体，因此较易被他人规避。从权利要求的撰写方式上入手，可以对实质的技术方案进行合理扩展，然后采用层层递进或多组并列的方式获得合适的保护范围。另外，企业申请人可从权利要求保护的类型着手，优先考虑产品权利要求，以提升专利侵权的可判定性。从专利的规避性角度考虑，可从该专利强调的聚磷酸铵制备方法所带来的高纯度和高聚合度的技术效果入手，对由所述的制备方法制得的聚磷酸铵产品的纯度、聚合度等参数进行表征限定。

与企业研发人员之间充分的沟通和交流，有助于加深企业对知识产权保护的了解，强化企业知识产权保护的意识，有利于提升企业的专利撰写和申请质量，提升基地知识产权创造和运用水平。

四、量身定制推动培育

某专利申请原始的独立权利要求请求保护一种头孢克肟双盐水合物或溶剂合物，并限定了分子中结合水和结合溶剂的数目。该专利申请说明书中记载了头孢克肟二钠三水合物的溶解度、稳定性和药效试验数据，并通过对比试验的方式证明了头孢克肟二钠三水合物相对于头孢克肟三水合物具有更优异的稳定性和杀菌活性。换言之，该发明专利能够通过简单的技术手段获得更有益的技术效果。该专利目前处于专利权维持状态，授权的独立权利要求请求保护一种头孢克肟钠盐三水合物和头孢克肟钾盐三水合物，为产品权利要求。

之后，在对该专利、申请人进行实践调研时，该企业的技术人员及知识产权工作人员在沟通交流中提出了自己的困惑：企业在研发过程中花费大量的人力、物力研发出来的成果，如何进一步地发现、挖掘出更多的适合申请专利的技术点，以及如何在确保专利权稳定的基础上扩大权利要求的保护范围，使创新活动给企业带来良好的经济和市场价值。这实际上也是目前我国大部分企业在知识产权工作方面存在的共性问题。以该发明专利为例，双方探讨了从企业的角度如何进行高价值专利的培育和挖掘，以及在专利申请文件撰写之前还可以补充完善哪些内容。本专利通过将已知的头孢类抗菌素（头孢克肟）通过常规技术手段做成药学上可接受的盐（钠盐）的形式，取得了预料不到的技术效果。然而由于说明书仅记载了特定化合物的三水合物的效果，并没有充分考量和/或考察其他的可能性，导致最后授权的产品权利要求保护范围较小，较容易被替代，难以真正实现该专利应有的经济价值。

那么，以该专利而言，如果要真正地实现专利的“高价值”，使其他同行难以替代或规避，企业可以采取哪些具体的措施呢？例如可以在研发过程中考察头孢克肟其他药学上可接受的盐和/或溶剂合物（如钙盐、镁盐等）的效果，以及增加其他头孢类抗菌素（如头孢拉定、头孢匹罗等）的相应的盐和/或溶剂合物的技术效果，并建立一系列合适的对比试验，将成盐之后和未成盐的效果进行对比。如果能证明其均能取得预料不到的技术效果，那么在说明书包含了上述内容的基础上，该专利申请的权利要求保护范围可以合理地上位概括和/或归纳为一个较大的范围，从而使得其他企业难以替代或规避，真正实现专利的高价值。

通过结合企业专利申请的实际案例进行专利撰写和布局的讲解分析这种“量身定制”的方式，企业的技术人员及知识产权工作人员能够清楚地了解到自身在撰写专利申请文件和专利布局方面所存在的最亟待解决的问题，快速有效地提升企业的技术人员及知识产权工作人员对专利的理解能力和撰写能力，从而推动高价值核心专利的孵育和诞生。

五、主动关注涉标专利

在某通信领域的专利筛选为例，筛选指标标准节选如下。

是否在权利要求、技术主题、说明书等字段明文记载涉及 IEEE 802.16/3GPP 标准或相关技术？

是否经审查员审阅和分析后能够得出虽其未明文记载但技术主题确涉及 IEEE 802.16/3GPP 标准？

是否其同族/引证文献/审查过程文献/分类号确在一定程度涉及 IEEE 802.16/3GPP 标准？

是否能够经与相关企业和相关领域专家交流得出该申请或其相关技术涉及 IEEE 802.16/3GPP 标准？

是否能够甄别相关申请人/发明人为 IEEE/3GPP 标准化组织成员？

可以不定数目判别条件的交集或并集作为筛选要素，进行涉标高价值专利甄别。另外，针对某专利申请可以采用多重手段开展培育。

加强业务指导：基于筛选成果，对专利申请成立培育业务指导小组，会同该专利申请的审查员，对该申请的案情进行分析。期间，审查员与业务指导小组就技术方案实质、申请人所声称发明点较之其实际解决的技术问题、权利要求的撰写及改进等进行讨论，并得出进一步的审查意见。

分析涉及标准：对该专利申请在其所涉及标准协议簇中的具体技术方向做定位，分析标准中其上游和下游的技术发展对其可能带来的技术改进诉求，并在标准中的同一技术位置搜集标准化文档、相关研究报告和研究论文，在对其技术核心充分了解的同时，寻找可能破坏该专利申请新创性或影响其保护范围的相关文献。

重视案件审查周期：在保证审查质量的同时，避免拖延，尽早发出审查意见通知书，保证审查意见的正确、高效；同时监控案件流转过程，确保审查意见通知书意见明晰，减少申请人修改答复的次数。

重视保护范围稳定：根据专利申请涉及的领域进行以避免非专利库未全、专利库漏检为目的的保障和拓展检索，并主动分析权利要求，寻找权利要求的撰写漏洞，力求通过审查意见通知书以及必要的沟通保障涉标高价值专利专利权的稳定性①。

---

① 吴菲菲，米兰，黄鲁成. 关于标准必要专利与高质量专利关系的研究［J］. 科学学与科学技术管理，2018，39（9）：87－100.

第六章

高价值专利创造和培育之运用环节

第一节 创造和培育策略

一、运用环节要点

高效益的运用是专利价值实现的最终过程。高价值专利的经济价值若要得到充分体现，在运用时仅仅自行垄断实施或者打破技术封锁远远不够，还需基于禁止他人实施权以设置技术壁垒、发起侵权诉讼等手段保持市场份额，以及基于专利价值评估以专利转让、许可、质押、入股等方式直接变现。知识产权运营就是指以实现知识产权经济价值为直接目的、促进知识产权流通和利用的商业活动行为。具体模式包括知识产权的许可、转让、融资、产业化、作价入股、专利池集成运作、专利标准化等，涵盖知识产权价值评估、交易经纪以及基于特定专利运用目标的专利分析服务。知识产权价值实现的四种方式：产业化、商品化、资本化和战略化。

1. 价值影响因素

在运用环节，对专利技术实施和收益的过程产生影响的因素包括专利制度、国家政策、经济因素、实施人等。只有掌握这些因素如何对专利技术实施和收益产生正向作用，才能更好地加以利用以培育出高价值专利。

（1）专利制度/国家政策。

首先，专利价值高低与专利制度立法成熟完善与否、立法技术水平高低、立法中的保护水平高低有直接联系。立法成熟完善，立法技术水平高，保护力度大，立法能紧跟知识经济发展速度，专利价值的评估值就会高一些，反之则低一些。

国家对经济、科技的宏观调控和行政干预，往往以法律、法规、政策等形式出现。这些调控和干预手段，可以说都是一种强制性的手段。国家的宏观调控和行政干预会对专利价值评估带来很大的影响。那些与国家重点发展的、优先扶持的产业相关的专利技术，例如与“十三五”规划列举的国家战略性新兴产业相关的专利技术，其发展前景更广阔，其评估价值也相应提高。而那些仅适用于国家严格限制发展的产业的专利技术，例如高能耗、重污染的技术，其实施范围受约束较大，其评估价值必然要低。特别是在国家经济、科技进行大的调整和变革时期，国家的宏观调控和行政干预对于专利价值评估会产生决定性的作用。

（2）经济因素。

知识产权法律制度是市场经济的产物，是为市场经济服务的。专利技术的转化、交易属于一种经济行为，影响专利价值评估的经济因素主要包括成本因素、市场因素、风险因素和收益因素等。

1）成本因素。

成本因素对专利价值评估的影响较小。影响专利价值的成本因素主要有研发成本、转化成本、维护成本、交易成本、机会成本等。①研发成本，是指专利技术研发过程中所需人力、物力、投资等的总投入值。这项成本已实际发生，不能再改变，又称为历史成本。在知识类商品的成本构成中，研发成本占主要部分，但就知识商品的价格构成而言，成本价格因个体不同而所占比重不等。此外，研发成本是使用成本法估算专利权价值时一个重要的参考因素。②转化成本，指的是当专利技术的成熟度不够时，技术受让方把专利技术由技术方案转化为成熟技术的过程中所需的人力、物力、财力的总投入值。③维护成本，主要指的是在维护专利技术的专利权时所需的投入值，主要包括年费、涉及无效宣告请求等程序的答辩费用、侵权的诉讼费用等。专利技术转化后生产维护成本以及承载专利技术的产品投入市场后的后期维护成本的高低也会对专利价值产生一定的影响。④交易成本，指的是专利在转让、许可、质押、融资等交易过程中的投入值，主要包括技术服务费、交易中的差旅费、管理费、有关手续费、交易的税金、广告宣传费和其他费用。⑤机会成本，是指由于技术转让而使供方失去在买方所在国或地区的全部或部分产品投资或销售机会而可能造成的损失。

2）市场因素。

知识产权法律制度为市场经济服务的特性使得专利价值评估必然要受

到市场因素的制约和影响。这种制约和影响主要表现在三个方面。一是专利技术作为一种特殊商品，也受到市场机制和价值规律的制约和影响。专利技术的市场需求和供求关系将会直接影响其价格波动；专利技术所附载商品的市场需求、市场容量和供求关系，直接制约了专利技术的市场价格，从而影响到专利价值。二是同类专利技术的市场价格将会影响专利价值评估的结果。同类专利技术的市场价格是该项专利技术市场价格的参照标准，会直接影响该项专利技术的市场价格，从而影响该项专利技术总价值的评估，尤其是当使用市场法进行专利权价值评估时，主要参照同类专利技术的市场价格。三是专利技术相关产品或相关行业（产业）的市场状况也会影响专利价值评估的结果。专利技术相关产品或相关行业（产业）的市场状况，包括市场规模、市场供需状况、市场应用情况等，直接制约着专利技术以及专利技术承载产品的市场，影响专利技术预期收益值的大小。

市场状况是使用收益法评估专利权价值的主要考量因素。市场状况又可分为下面六个细分指标。①市场应用情况：考察专利技术目前是否已经在市场上投入使用，如果还没有投入市场，则主要考虑未来在市场上应用的前景。②市场规模前景：预测专利技术经过充分的市场推广后，未来其对应专利产品或工艺可能实现的总销售收益。③市场占有率：是指专利技术经过充分的市场推广后可能在市场上占有的份额。④市场竞争情况：主要判断市场是否属于垄断性市场；市场上是否存在与待评专利技术的持有人形成竞争关系的竞争对手存在，以及竞争对手的规模。⑤政策适应性：主要了解国家与地方政策对应用专利技术的相关规定，包括专利技术是否是政策所鼓励和扶持的技术，是否有相关优惠政策。⑥行业属性：由于知识密集型行业的技术依赖性，该行业的专利技术价值相对较高；对于能源密集型、劳动力密集型行业，因技术不是带来收益的主要影响因素，相关专利价值被削弱。某些特殊行业还设有准入制度，专利技术如果已经满足了市场准入制度的要求，专利价值相对比较高。比如医药行业，药品上市需要药监部门的批准，如果专利技术已经拿到了新药证书，获准上市，其专利价值大大增加。

3）风险因素。

专利技术同其他技术类无形资产一样，从开发到收益可能遇到各种各样的风险。这些风险大体可分为投资类风险和收益类风险两大类，会给专利价值评估带来不同的影响。

投资类风险包括技术开发风险、技术转化风险、获取专利权风险、许可转让风险等。①技术开发风险是指投资人投入人力、物力、资金等开发一项技术，有可能失败所造成的风险。②技术转化风险是指一项技术方案转化为成熟技术过程中，有可能失败所造成的风险。③获取专利权风险是指一项发明创造基本完成后，申请专利后可能不被授权所造成的风险。④许可转让风险是指一项专利技术可能无人问津，专利权人又无力实施所造成的风险。

收益类风险包括实施风险、投产风险、市场风险、维护专利权风险等。①实施风险是指专利权人或被许可实施方实施专利，可能失败所造成的风险。②投产风险是指专利实施方将专利技术运用于工业化生产后所面临的风险。③市场风险是指专利实施方将专利技术投产后所得产品投放市场所面临的风险。④维护专利权风险是指取得专利权后，由于他人提出撤销、无效宣告请求或者专利权人未能按时缴纳年费等原因，造成专利权丧失的风险，以及由于他人侵权行为给专利权人带来经济损失的风险。

投资类风险的承担者主要是专利技术所有方，收益类风险的承担者是专利技术的所有方和受让方。在这两类风险中，对专利价值评估影响较大的是收益类风险。专利技术在其所属领域生命周期中所处的阶段、相关产品或相关行业（产业）在其生命周期中所处的阶段，将影响上述各类风险的大小。

4）收益因素。

收益因素包括已获取的收益和预期收益。已获取的收益对专利价值评估有参考作用。而预期收益值是专利价值中所占比重最大的部分，是收益法的评估目标。

已获取的收益指的是专利技术已经产生的收益。主要包括以下两个方面。①实施收益：如果专利技术已经被实施，专利技术在实施过程中已经产生的收益就是实施收益；②交易收益：是指因专利转让、许可、质押、融资等交易行为而获得的收益，例如转让金、许可费、质押贷款金额、融资额等。

预期收益是指一项专利技术可为投资使用者预期带来的全部收益，也就是一项专利技术预期所能创造的总价值。这里所说的专利技术预期创造的总价值，仅指由于该项专利技术的实施和使用，预期给相关行业（产业）直接增加的价值，应该把其他相关因素产生的增加价值剔除在外。预期收益的大小和以下几个因素密切相关。①技术分成率，也叫技术贡献度，是指专利在资产获利过程中所起的作用和贡献。专利技术如果属于技术承载产品的核心技术，则价值相对较高。比如手机，曾有人统计过，一个手机涉及的专利技术可以多达2000多项这么多的专利技术中，一般来说，与主板、芯片等相关能够影响手机性能的关键技术，技术分成率相对较高；如果是手机外壳相关技术，专利技术贡献度相对比较低。②专利经济寿命，是指专利技术能够为专利权人创造经济收益的年限。要根据专利技术的无形损耗来确定专利技术的经济寿命。专利技术的无形损耗主要表现在两个方面，一是新的、更为先进的、适用的或效益更高的技术的出现，使原来的专利技术贬值；二是由于专利技术传播面的逐渐扩大，其价格、成本方面的优势逐渐丧失而使专利技术贬值。经济寿命长，则专利的价值也就相对较高。反之，经济寿命短，则专利的价值也就相对较低。专利经济寿命的上限为专利的剩余保护期限。

事实上，专利权价值评估一共会涉及三个期限指标，除上述专利经济寿命外，还包括剩余保护期限和技术生命周期。剩余保护期限是影响专利价值的法律因素之一。在中国，发明专利的保护期限为20年，实用新型专利的保护期限为10年。剩余保护期限是指在分析时点专利权还剩余的保护期限，属于法定期限。技术生命周期是影响专利价值的技术因素之一，是指专利申请文件扉页中所有引证文献技术年龄的中间数。[①] 该指标检测相邻两代技术的时间周期，体现技术创新的速度。

在进行专利价值评估，尤其是使用收益法评估时，通常选择上述三个

---

① 李春燕．基于专利信息分析的技术生命周期判断方法［J］．现代情报，2012，32（2）：99－101．

指标中数值最小的那个作为获益年限。

（3）市场化能力。

专利的市场化能力是指专利转化为专利产品进入市场的能力。一方面，专利的市场化能力与专利技术本身的属性有关，专利越容易开发为专利产品，该项专利技术越容易进入市场，专利技术的价值就越高。另一方面，专利的市场化能力更重要的是取决于专利技术实施者的技术转化能力和市场推广能力。实施者的市场推广能力决定了专利技术承载产品的市场前景规模和市场占有率，决定了预期收益的大小。

专利价值体现了专利技术对于使用者的有用性，是专利技术实施后能给专利权所有人带来的收益。因此，专利价值评估离不开来源于使用者和实施者的影响。专利技术实施者的技术转化能力和市场推广能力对专利价值的影响在之前市场因素部分已经介绍过了，在此不再赘述。除此之外，实施者拥有的专利组合及其专利布局及其知识产权管理能力等，也影响着专利权价值评估。

2. 国内知识产权运营体系

自2014年以来，国家知识产权局会同财政部以市场化方式开展知识产权运营服务试点，在北京建设全国知识产权运营公共服务平台，在西安、珠海建设两大特色试点平台，并通过股权投资重点扶持20家知识产权运营机构，进而示范带动全国知识产权运营服务机构快速发展，初步形成“1+2+20+N”的知识产权运营服务体系。同时，还引导相关省市设立重点产业知识产权运营基金，支持设立知识产权质押融资风险补偿基金，引导企业对于知识产权的转移和转化，有效促进了知识产权与创新资源、产业发展、金融资本融合，进一步推动形成“平台+机构+资本+产业”四位一体的知识产权运营发展新模式，支持重点城市建设知识产权运营服务体系，支持建设一批区域和产业知识产权运营中心，推进各类要素不断聚集，推进知识产权运营日趋活跃，为专利的转移转化、收购托管、交易流转、质押融资等提供支撑。

（1）国家知识产权运营公共服务平台。

国家知识产权运营公共服务平台线上和线下同步运行，作为国家知识产权运营体系的核心载体，平台秉承公共服务与市场运作相结合的建设思路，围绕企业、高校、科研院所等市场主体及各级政府需求，聚合资源，打造从创意产生到知识产权创造、运用、保护于一体的线上线下立体式平台，形成全要素的知识产权运营生态圈。线上围绕创意研发、知识产权创造、知识产权运用三个关键点，以专利导航服务、知识产权金融服务、知识产权保护及管理服务为支撑，着力构建创新全链条的知识产权服务体系，以及基于创新全过程的知识产权运营生态圈。而线下则是通过科学合理地配置各方资源和服务，建设知识产权运营实体生态圈，实现知识产权运营一站式服务。

（2）两大特色试点平台。

国家知识产权运营军民融合（西安）试点平台自上线以来，以开展军民融合知识产权运营特色业务，促进军民资源共享、军民供需对接、军民互动发展为宗旨，其线上交易平台设置了军民融合、交易市场、鲲鹏商城、运营服务、专利大数据等核心板块，汇聚了军民融合所涉及各方资源，涵盖十二大军工集团、高校院所、科技企业等单位的专利供给、专利需求、服务机构资源信息。国家知识产权运营公共服务平台金融创新（横琴）试点平台包括社交、电商、金融、大数据等核心功能，可提供包括知识产权资产（专利、商标、版权）、知识产权运营服务（受托、收购、专利池、标准化）、知识产权服务（代理、诉讼、分析、咨询、培训）、知识产权创业项目、创业辅导及投融资服务等在内的交易品类；建立了包括个人、企业、高校、院所、产业协会、服务机构、运营机构、创业辅导机构、投资机构等在内的会员体系，为企业提供专利申请、无效、诉讼、知识产权运营、导航分析等服务。

知识产权运营公共服务平台遵循“政府引导、市场化运作、可持续发展”原则，强化全国平台的信息枢纽和资源集成作用，坚持特色试点平台的功能特色和试点方向。

（3）社会资本投资平台。

社会资本投资的平台主要有：专注于商标交易的平台；专注为客户提供知识产权设计开发、转让交易和授权许可的综合解决方案的业务平台；企业知识产权托管或者辅助管理（如知识产权人力资源中介业务）、专利池等业务的平台；以媒体为主要入口，深耕产业服务的信息平台；专利撰写、贯标培养等业务平台；知识产权电商的专利转让平台；扎根某一领域的技术转移平台；检索类平台等。

（4）知识产权运营基金。

知识产权运营基金是知识产权资本市场运作和知识产权投融资的主要模式之一。在国外，很多专利运营基金已形成相对完善、成熟的运营模式，在国内尚属新事物。知识产权运营基金与一般的创投基金不同，它的每一项投资都是围绕知识产权进行。通过设立知识产权方面的投资基金作为直接投资工具，不仅可以为自主创新型企业或个人提供必需的资金、技术、管理经验等方面的支持，还有效提高了资本市场的资源配置能力，降低了经营风险，从而为科技创新和经济结构转型发挥巨大的推动作用。近年来，在相关政府部门的引导和推动下，我国多地先后成立了多家知识产权运营基金来激活存量知识产权，缓解创新型中小企业面临的融资难问题。

（5）知识产权质押融资试点。

在各地知识产权质押融资试点探索过程中，主要存在北京、上海浦东、武汉三种模式。北京市以市场为主体，由商业银行创新金融产品开展知识产权质押融资业务；上海浦东新区开展知识产权质押融资主要由政府推动，浦东新区设立浦东生产力促进中心，并向其提供知识产权质押融资担保专项资金 6000 万元，由浦东生产力促进中心与上海银行签订信用担保协议，承担 95% ~99% 知识产权融资担保风险，浦东新区还专门设立了专项资金用于知识产权质押融资风险准备金；武汉市引入专业担保机构，由武汉科技担保公司对知识产权质押融资提供担保，分散银行风险。

据有关数据显示，2020 年全国知识产权运营体系建设加力提速，亮点纷呈。全国知识产权运营服务体系建设重点城市达到 37 个，批复支持建设的知识产权运营平台（中心）达到 16 家，全国专利转让、许可、质押等运营次数达到 40.5 万次，知识产权证券化、知识产权保险等金融产品创新实现新突破。

3. 运用方式

在本节开篇已经提到知识产权价值实现的四种方式是产业化、商品化、资本化和战略化。而在实践中，具体方式包括自我实施、他人实施以及其他商业化运作方式。

（1）自我实施。

由专利权人实施专利是专利实施中最常见的方式。专利权人实施其专利，可以是专利权人自己独立实施，也可以是专利权人将专利作为投资，与他人合作实施。针对紧贴市场需求、解决市场痛点、满足市场转型需要的高经济价值专利，一般优先选择自我实施专利的方式。首先，在其创造申请环节就应当充分考虑之后的运用环节，并且在运用环节中找出企业自身在实施该专利时存在的保护范围不当的问题，进而根据相关问题对申请文件做出相应的改进，最终得到合理保护范围的高价值专利。其次，根据企业实际情况，当企业有条件自行实施时，应当尽快通过自己的专利技术制造出产品样品，通过制造样品这一过程，发明构思得到验证，技术也会走向更成熟的阶段，转化效果也会更好，这样才能使产品更快地投入市场，创造出高的经济价值。当企业不具备条件自行实施时，应当尽快找到具备实施条件的企业进行合作实施。最后，在产品投入市场后可能出现大量仿制的产品，企业在实施该专利的过程中，应当积极与知识产权保护相关部门合作，对其进行严厉打击，保护自身合法权利。

（2）他人实施。

许可他人实施也就是间接实施，是以专利权人作为许可方，通过签订合同的方式允许被许可方在一定条件下使用其获得专利保护的发明创造。《专利法》明确规定：任何单位或者个人实施他人专利的，应当与专利权人订立实施许可合同，向专利权人支付专利使用费。许可他人实施专利仅仅是把专利权中的使用权转移给使用方，专利权人并未发生变化。被许可人无权允许合同规定以外的任何单位或者个人实施该专利。

专利实施许可常见的种类有独占许可、排他许可、普通许可等。独占许可是由许可方将在规定期限和地域内实施某一专利权的全部权利完全地授予被许可方。在独占许可的情况下，被允许独占实施的专利的专利权仍属专利权人所有，但在规定的期限内，在规定的区域内，只有被许可人有权实施某一特定专利，其他任何人包括专利权人都无权实施相同的专利技术。排他许可是指在一定地域内，被许可方在合同有效期内对许可实施的专利享有独占实施权，专利权人不得在相同地域和时间内允许任何第二人实施同一专利。与独占许可不同的是，在排他许可的情况下，专利权人拥有自己在该地域范围内实施该专利的权利。普通许可是许可方给予被许可方在规定的地域和时间内实施某一专利的权利。该许可不具有独占性和排他性，专利权人可以与被许可方和第三方共同实施该专利技术，也可以自己实施该专利技术。

对于具有基础性、前瞻性的高价值专利，权利人在其创造和申请环节就应当充分考虑在专利之后可能并不会马上投入生产而产生高的经济效益，而是将其视为一种技术储备。这时，采用间接实施专利的方式在保有合法垄断地位的基础上获得超额垄断利润也是可取的运用方式之一。

（3）商业化运作。

授权的高价值专利还可以采用专利转让、专利融资等方式实现高价值专利的高效能运用。

专利转让是拥有专利申请权和专利权的权利人把专利申请权和专利权让给他人的一种法律行为。转让后，除非获得新权利人（即受让方）的许可，原权利人将失去该专利相关的所有权利，包括实施、质押、许可等权利。专利权转让根据其不同形式，分为一般的专利转让、企业并购和专利拍卖。①

专利融资是指将专利权作为一种资本开展融资的活动，主要包括专利质押、专利担保、专利证券化、专利信托、专利入股等形式②。如专利质押是指债务人或第三人将拥有的专利权担保其债务的履行，当债务人不履行债务的情况下，债权人有权把折价、拍卖或者变卖该专利权所得的价款优先受偿的物权担保行为。实践中，专利质押融资模式包括直接质押融资模式（银行 + 专利质押）、间接质押融资模式（银行 + 担保机构 + 专利反担保）和组合质押融资模式（银行 + 专利质押 + 股权投资等其他资产）。而专利资产证券化是指发起人将缺乏流动性但能够产生可预期现金流的专利资产（基础资产），通过一定的结构安排，对基础资产中风险与收益要素进行分离与重组后出售给一个特殊目的机构，由该机构以专利的未来现金收益为支撑发行证券融资的过程。专利资产证券化是资产证券化在专利

---

① 周胜生，高可，饶刚，等. 专利运营之道［M］. 北京：知识产权出版社，2016：40－45.

② 白光清. 医药高价值专利培育实务［M］. 北京：知识产权出版社，2017：186.

领域的延伸，也是一种金融创新。无论哪种形式，专利融资能够促进专利与金融资源的有效融合，为专利权人提供外部长期资金来源，是提升专利价值的有效方式。

二、目标与时机

运用环节的目标体现在两个重要方面：收益和防御。收益即直接获取收益或达到融资资本增值等；防御即遏制竞争对手。

创新主体应根据自身特点选择适合自身的专利运营时机和手段。创新主体可以利用专利扩大宣传，开拓市场，通过专利许可或转让直接获取收益，通过专利与其他企业达成互惠合作，通过专利达到融资目的或获得市场上投资者的认可，利用专利有效遏制企业的竞争对手，积极应对侵权诉讼，以及与竞争对手实现交叉许可。

通过专利获取直接收益常见的两种手段即专利许可和专利转让。专利转让如今已成为企业加强自身专利综合实力来对抗竞争对手最常用的手段。除了专利许可和转让之外，专利标准化也是我们国内企业最常见的利用专利达到收益目的的手段，基础性、前瞻性的高价值专利适于采用专利标准化的运用方式，它可使企业获得有利市场竞争地位的总体性谋划，专利标准化在某种程度上将促进产业的整体技术进步。企业间的并购则常会涉及专利资本化。在并购中，专利作为无形资产进行资本化的主要方式是被购买兼并的企业将自己所拥有的专利申请及专利权连同其他财产一并转让给兼并方。其中，专利作为重要的资本部分往往决定着并购金额的高低。

三、运用环节培育

法制环境、评估体系、市场成熟度等制约着知识产权运用的效益，高效益运用凸显专利价值实现。裁缝师傅制作的成衣到底优雅、合体与否，工匠们加工出来的玉石到底是美玉还是顽石，说到底还得市场说了算。运用环节的主体主要包括专利实施主体和专利运营机构，直接成果是专利带来的显性收益和隐性收益。

1. 专利实施机构

首先，注意多项专利组合运用。对于专利组合而言，其整体上的稳定性要比单个专利强。其次，确保利益最大化，减少潜在风险。因此，在制定与专利运用有关的合同时企业一定要谨慎，避免漏洞。最后，也是非常重要的一点，为了使专利能够及时发挥最大的价值，一定要及时维护，避免失效。值得一提的是，有条件的企业应当建立自己的知识产权部门，加强专利运用方面的人才培养，积极与各大科研院所、高校、知识产权运营服务机构合作，培养专利运用人才。培养的内容包括广阔的人脉和沟通技巧、对技术的理解能力、熟悉专利运营的基本知识、对技术市场应用前景的判断、风险防控、投资及金融相关知识等。另外，企业应制定相关的激励、奖励制度，对于专利运用人才给予相应的上升渠道，积极引进专利运用人才。

2. 专利运营机构

专利运营机构应当基于专利价值评估以专利转让、许可、质押、入股等方式推动高价值专利直接变现，并作为中介促进形成专利池、产业知识产权联盟。在市场配置资源起决定作用的大前提下，专利运营机构必须加强自身能力和实力，承担起为创新主体提供服务支撑和服务平台的作用。在政策的扶持和推动下，要加强知识产权运用融合到基础公共服务平台建设中，增加创新技术的研发，规范实施标准，推动品牌建设和成果的转化利用，培育一些服务于专利运营的支撑点和生长点，形成多种创新元素相互协作、综合利用的局面。为提升技术创新价值、产业核心竞争力和企业的市场参与能力，知识产权的综合运用以及专利的合理运营必须要与产业中的创新体系和市场中的竞争机制相结合①。

第二节　案例分析——一体式自拍装置

在第四章案例中介绍的新型化学发泡剂专利技术能够成为高价值专利，

① 蒋群. 我国专利运营的现状及展望 [J]. 科技资讯，2019，17（11）：238－239.

除了其高质量的专利申请因素外，成功的转化运用也是重要的一方面。该专利的成果转化突破了通常的合同制，考虑到技术成果的重大影响，权利人和被许可人采取了共同推进产业化的合作模式，使得企业取得了高收益。

再来看另一个案例。申请号为 CN2014205227290 的专利，申请日为 2014 年 9 月 11 日，申请人为源德盛塑胶电子（深圳）有限公司（下称“源德盛公司”），发明名称为“一种一体式自拍装置”，取得了巨大的商业成功。小小的自拍杆市场售价在几十元左右，但源德盛公司通过自拍杆专利技术的转化和运用获得了数亿元的收益。

一、专利基本信息

2014 年，源德盛公司申请了专利“一种一体式自拍装置”（专利号为 ZL201420522729.0），如图 6－1 所示。该自拍杆在国外专利的基础上对弯折部分进行了改进，使手机固定装置能够收拢于自拍杆杆体，解决了自拍杆顶部固定装置容易损坏的问题，提高了使用寿命。

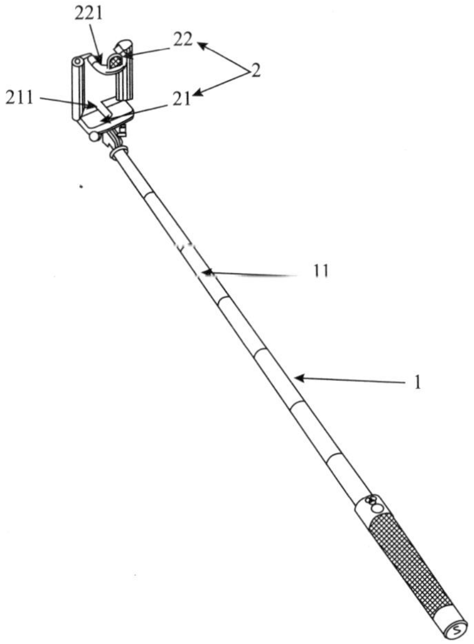

图 6－1　一体式自拍装置

二、专利技术价值

自拍杆具有广阔的市场，市场规模较大。早在2005年，加拿大人Fromm W. G. 发明的自拍杆于2005年5月10日向美国专利商标局提出专利申请，Fromm W. G. 推出了自己的产品Quik Pod，并将自拍变为潮流。

自拍杆领域需解决的技术问题包括自拍杆方便携带、自拍角度方便调节、相机或手机便于固定、便于自拍或录像、快门按键设置便捷等。通过梳理自拍杆的技术发展路线，可以确定上述问题哪些是关键的技术问题。

自拍杆最早出现在1983年，由日本人Hiroshi Ueda和Mima Y. 发明，于1983年1月18日向日本提出专利申请，并于1984年7月28日公开（专利公开号：JPS59112241U）。该自拍杆长短能够伸缩，并且手柄带有快门按键，解决了独自旅行无法用相机自拍的问题，并且携带方便，如图6－2所示。

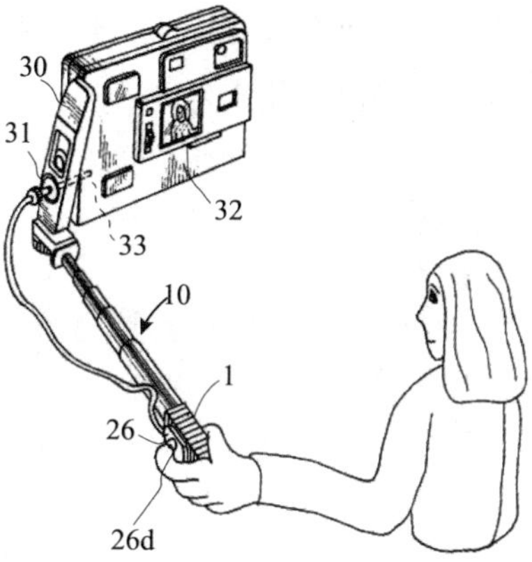

图6－2　自拍杆（专利公开号：JPS59112241U）

在20余年后的2005年，加拿大人Fromm W. G. 将其发明的自拍杆向美国专利商标局提出专利申请，并于2006年11月16日公开（专利公开号：US2006257137A1），其自拍杆结构如图6－3所示。该自拍杆在支撑板底部设置支架，在拍照或者拍视频时能够保持稳定，同时在底座上安装凸面镜，方便自拍时观察自拍人的形象。

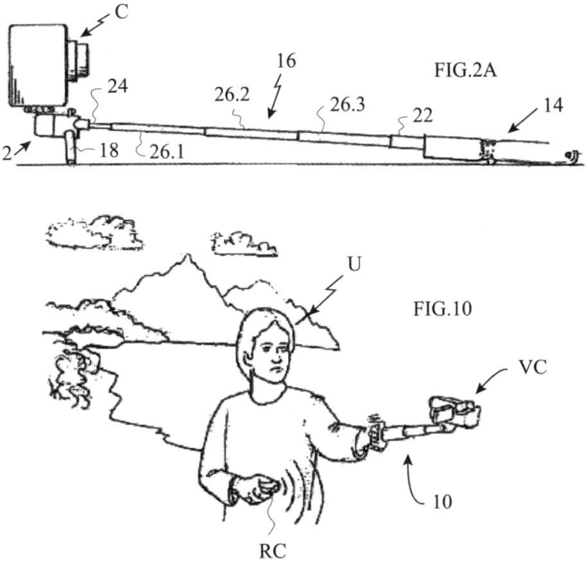

图 6－3　自拍杆（专利公开号：US2006257137A1）

2006 年，Daoud M. 和 Stump J. R. 进一步改进了自拍杆，于 2006 年 11 月 21 日向美国专利商标局提出专利申请，并于 2008 年 5 月 22 日公开（专利公开号：US20080117328A1）。如图 6－4 所示，为了解决自拍相机的角度调节问题，该自拍杆采用自拍角度调节装置，支撑相机的平台与伸缩杆的端部采用铰接的方式，在使用时相机可以围绕转轴进行转动，从而调节相机的角度，同时在自拍杆上设置了蓝牙遥控按钮，控制开启相机的快门。

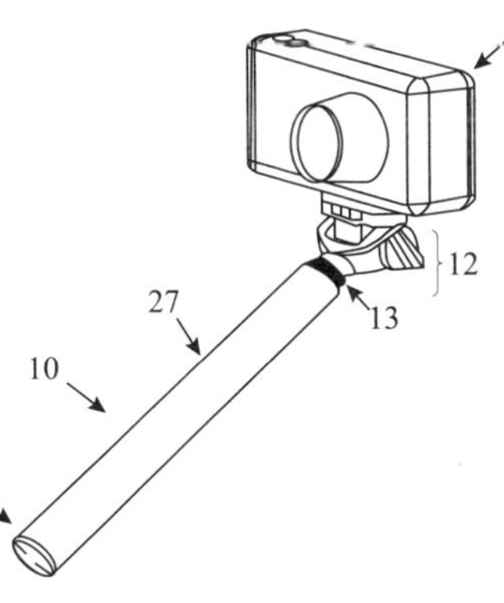

图 6－4　自拍杆（专利公开号：US20080117328A1）

于2012年12月12日申请并于2014年1月2日公开的一种自拍杆（专利公开号：US2014003802A1），当相机背面紧贴墙面时，不会划伤相机，同时在相机比较重时可以起到省力的作用。在该自拍杆的平台上设有圆形的橡胶状缓冲器，如图6-5所示。

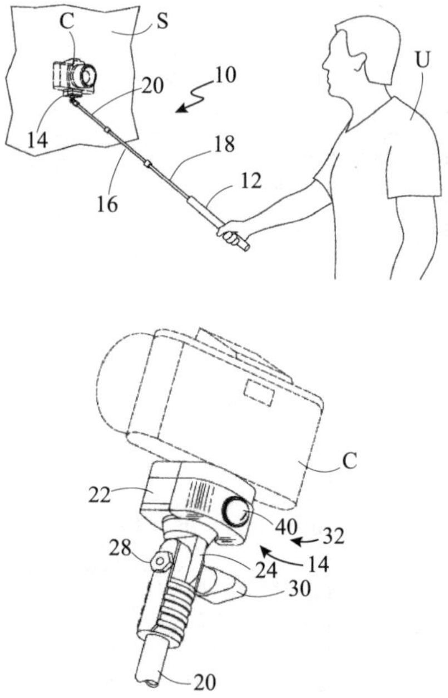

图6-5 自拍杆（专利公开号：US2014003802A1）

于2013年4月22日申请并于2013年9月12日公开的一种自拍杆（专利公开号：US20130233986A1），如图6-6所示。该自拍杆为了解决不同手机屏幕大小的夹持问题，采用弹簧配合夹持杆的手机固定装置，可以根据手机屏幕的大小调节夹持头。

根据上述技术路线的梳理可知，2014年，在自拍杆领域，手机或者相机的固定问题、手机或者相机固定头与手柄的角度调节以及相机控制方法属于关键性技术问题。自拍杆长度调节、自拍或录像方便属于一般性技术问题。相机背面紧贴墙面时，不会划伤相机的问题，属于细小的技术问题。

而源德盛公司的自拍杆解决的是手机固定装置的可靠性问题，有利于提高自拍头的使用寿命。该技术问题为介于关键性问题与一般性问题之间的技术问题，价值相对较高。从创新高度来看，该发明给出的方案属于较多方案中的一种，较容易规避，但有使用便捷、成本低等优点，该技术方案属于显著创新，效果明显优于现有产品。

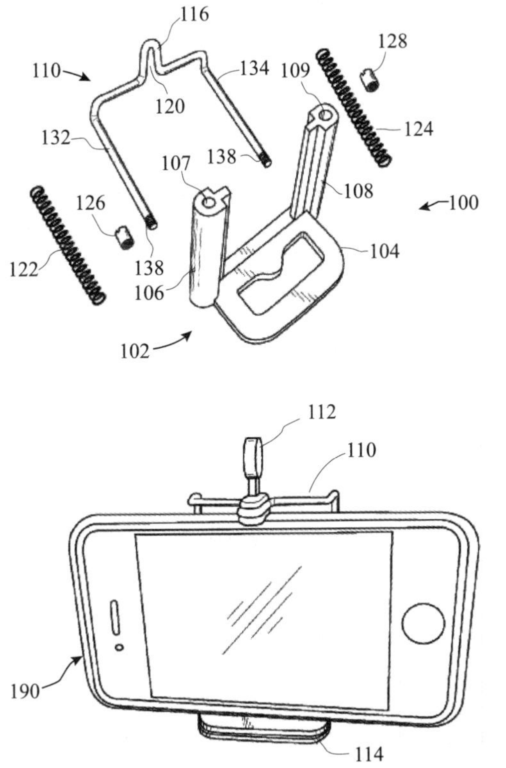

图 6-6　自拍杆（专利公开号：US20130233986A1）

三、专利技术运用

源德盛公司发明的自拍杆于 2018 年 12 月获得第 20 届中国专利金奖，该技术的创新之处在于一体式转动连接的方式以及载物台上设有一缺口，所述夹紧机构设有一个与所述缺口位置相对应的折弯部，在技术的实际运用阶段取得了良好的效果。对自拍杆而言，体积小、便于携带、使用方便是消费者的需求。源德盛公司凭借敏感的市场判断，将科研成果与市场导向紧密结合、技术驱动与市场驱动结合，实现技术的产业化，成为科技成果转化的成功案例。

该创新产品受到品牌厂家的青睐，也很快引来大批侵权假冒者的觊觎。自实用新型专利获授权后，多地多方请求人针对该专利轮番提出无效宣告请求，共计30次。截至2021年年底，已作出无效宣告请求审查决定的（含部分无效）有4件，其他均全部维持有效。

专利是否被宣告无效实际上就是专利权人与无效宣告请求人相互博弈的结果，为了防止自己辛苦获得的专利付之东流，专利权人在拥有高质量专利的基础上，以该高质量专利为核心专利，还可以展开合理有效的专利布局，以其他相关专利作为外部专利围绕核心专利层层设防，增加核心专利的稳定性，从而降低核心专利被宣告无效的风险。

由于自拍杆的技术门槛并不高，市场上各类侵权仿制品层出不穷，为避免侵权产品蚕食市场，源德盛公司在全国开展了大规模的诉讼维权行动，起诉地点遍布全国24个省市，侵权诉讼提出数量多达4000多起，目前已结案2000多起，无一败诉，侵权诉讼所获的赔偿金额也可能达到上亿元，充分体现了国内企业对提高自身知识产权创造、运用、保护能力的重视。

第七章

高价值专利创造和培育展望

第一节　总结和思考

高价值专利是一个内涵丰富、外延宽广的概念。创造和培育高价值专利的道路是曲折而漫长的，需要政府部门、科研机构、产业和服务机构形成合力，需要通过创造环节、申请环节、审查环节和运用环节环环相扣地接力，需要持续性的高投入，但坚持走下去的收获会是弥足珍贵的。经过前面的介绍，归纳来说，即是要将创新全过程与知识产权全链条融合，进行关键核心技术研发，开展研发需求分析、专利挖掘、专利布局、质量自评、申请跟踪、转化运用等培育工作，确保授权专利的高质量及稳定性，并最终在市场中实现价值。

一、高价值专利创造和培育指引

从创新主体的角度来说，需要重点做好以下七个方面的工作。

1. 建立完善的管理体系及规章制度，注重质量控制

建立规范化的知识产权管理制度，包括针对高价值专利创造和培育的主要环节制定相关管理制度，以及对接知识产权专业服务机构相关管理制度。建立知识产权信息管理平台，创新主体应在知识产权专业服务机构的协助下建立或委托第三方建立本产业、行业相关技术发展、市场动态、专利数据等方面的信息库以及研发活动中的专利全流程管理系统，加强信息共享及管理。创新主体应形成知识产权专业服务机构/服务人员评价体系，强化对高水平服务机构/服务人员的甄选能力，促进高价值专利创造和培育工作高水平、高效率开展。

2. 开展专利信息检索分析，确立技术研发方向

研发立项前，企业、高校、科研院所应进行必要的产业发展、市场竞

争、产品需求等状况调查分析，并提出专利分析需求，协同知识产权专业服务机构针对相关技术的专利现状进行调查分析。通过服务机构有效的专利信息检索，分析相关产业技术领域的技术发展路线、技术发展趋势、专利布局情况及专利竞争态势等，了解研发空间、技术空白点等，辨析相关技术领域的知识产权风险，结合创新主体自身研发需求及专利情况与国内外竞争对手之间的优势和劣势比较，确定技术研发方向和关键技术研发策略及路径。

3. 针对性制定培育计划，进行专利技术前瞻性布局

研发过程中，知识产权专业服务机构应辅助创新主体对知识产权进行整体规划，对专利布局情况进行盘点和梳理，分析企业竞争力和竞争环境，充分考虑技术保护范围、技术保护方式、专利申请时间、专利申请地域等因素，围绕产业链部署创新链，围绕创新链部署专利链，协助创新主体针对性地制定培育计划，开展专利挖掘，进行合理专利技术布局，制定挖掘及部署进攻型、防御型等不同类型专利方案，制定专利池等专利组合的组建方法，并依据目标市场确定海外专利布局，实施高价值专利创造和培育。

4. 评估形成技术交底书，进行专利查新检索分析

基于专利布局方案，结合研发成果准备专利申请，建立研发成果审查机制，创新主体组织相关技术人员、知识产权管理人员或委托知识产权专业服务机构，对研发成果从技术、法律、市场等维度进行评估，选择评估通过的研发成果，提交完整、充分的技术交底书。知识产权服务机构深入研究创新主体提供的技术交底书，必要时可与相关技术人员开展技术交流会，并进行查新检索分析，审查技术的可专利性，同时了解相关现有技术的保护范围和方式，打好高价值专利申请基础。

5. 做好专利申请文件撰写，开展申请文件质量评价

创新主体应充分利用知识产权专业服务机构，切实提升专利申请文件撰写质量，研发人员、知识产权管理人员与知识产权服务机构人员沟通交流常态化。依托知识产权服务机构优化权利要求配置，确定合理的权利要求保护范围；对比现有技术，围绕技术方案多层次、多角度进行保护，提升权利要求层次和保护强度；开展发明专利申请文件质量评价，形成能够

全面、系统地保护创新成果的高价值专利申请文件。

6. 加强专利申请全程跟踪，提高创新成果专利化效率

创新主体在知识产权专业服务机构的协助下对专利申请进行分级分类管理，对重要专利申请，可以提交加快审查、优先审查或通过保护中心预审通道等提高成果专利化效率。专利审查过程中，知识产权服务机构协同创新主体正确理解审查意见通知书内容，撰写意见陈述书或修改申请文件，必要时积极利用专利审查绿色通道加强与审查员的沟通交流，争取最大权益，保障专利保护范围合理、稳定。

7. 培育高价值专利组合，加强专利转化与实施

结合布局策略，对培育产出的若干具有战略性、前瞻性、能够引领产业高端发展、具有国际竞争力的高价值专利进行有机组合，形成产业技术专利组合，实现专利产出质量、结构水平的提升；积极开展专利运用及经营活动，对专利集合进行有效的分级分类管理，并充分利用各类交易平台和运营机构，进行专利转移、转化及许可等，将创新成果转变为产业活动，将专利优势转化为产业核心竞争力，将潜在生产力转化为现实生产力，实现专利产出价值大幅提升。

二、高价值专利选育工作的思考

1. 高价值核心专利的保护和布局

审协广东中心在开展高价值专利选育工作的过程中对某领域筛选出的几件高价值专利，在法律维度上通过几个二级指标对其进行分析。如图7-1所示，这几件高价值专利的保护力度平均为5.4分，布局情况平均为6.4分。这几件专利多数保护力度一般，甚至稍显不足，而个别专利布局情况亦不甚乐观。这反映出申请人对研发的工艺或产品的专利保护和布局意识不足，未能从专利技术深度和宽度进行充分保护。一件专利技术应尽可能地覆盖产品、方法、用途的保护。而所谓专利深度是注重专利技术的上下游技术的挖掘，保护核心专利技术的外围或衍生专利，最大化拓展核心专利的保护网。所谓专利的宽度则是注重专利的地域布局、横向领域的专利同族数量等，根据不同地域的市场情况进行布局。

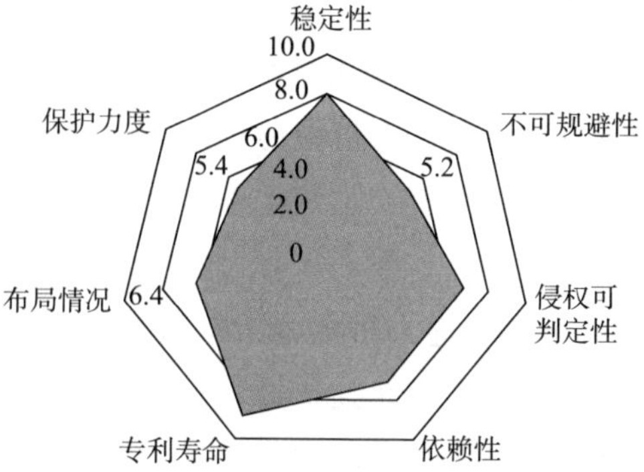

图7-1 某领域所筛选出的几件高价值专利的平均法律价值度分析

由于支撑特定技术发展的核心专利数量有限，单一核心专利的垄断地位一旦被打破，很容易陷入专利悬崖式的窘境。故专利价值的实现更多依赖于核心专利的外围专利，核心专利与外围专利组成的专利群的价值不是其中个体专利价值的简单叠加，其高价值体现在赋予研发的产品或工艺多层次、多地域、高稳定性、高防御性的排他性保护。

此外，在单件核心专利的价值的基础上，构建专利组合或专利网进行全方位保护，会有效扩大保护范围和提高市场价值。更进一步的是，将专利制定为行业标准或者国家标准，这是企业在更高层级上实现专利价值的方式。

2. 专利质量提升工程的必要性

知识产权强国建设需要高水平创造做支撑，在知识产权创造、运用、保护、管理等各个环节中，创造是源头。没有高价值核心专利和原始专利作支撑，知识产权强国建设就会成为无源之水、无本之木。要大力培育高价值核心专利，努力打造既有宽度又有厚度、既有高原又有高峰的新型专利结构。

专利的产生、获权、运营、维护和管理等专利价值实现的过程均需要专利质量提升工作作为基础。高价值核心专利的培育，对于创新主体而言，应以市场为导向进行高质量地创造，完成高质量的专利申请和合理的专利保护及布局；对于审查员而言，应严格按照法律法规的规定，完成高质量授权和高效率审查，兼顾申请人利益与社会公众利益的平衡。

第二节　展望和建议

知识产权制度是激励创新的基本保障，处在知识产权发展的新时代，推动更高水平的创造，应更加注重专利的质量，实现由追求数量和速度向追求质量和效益的转变，激励创新主体创造出更多基本专利、原始专利、核心专利和高价值专利，是认真贯彻落实习近平总书记重要指示精神的重要举措。我们已经在高铁、核能、新一代移动通信、航空航天等领域，研发掌握了一批自主知识产权关键技术，有力地推动了经济转型升级和供给侧结构性改革。根据实践经验，我们更应在高价值的创新成果的基础上，通过研发人员与专利代理机构的协作完成高质量的专利申请，形成高价值专利。通过高价值专利的实施和产业化产生经济效益，反哺研发，形成创新、保护、收益、再创新、再保护、再收益的可持续发展模式，而这还需要全社会的共同努力。

1. 引导和激励创新主体，强化高价值专利创造和培育意识

目前，我国能够为创新主体提供专利服务的机构，除了政府之外，还包括专利代理机构、律师事务所、贯标服务机构等。但是，这些社会机构本身往往属于商业性的机构，他们立足于各自的专业背景，所能提供的服务通常局限于某一方面。如专利代理机构一般是提供专利申请文件的撰写、修改以及申请流程的一些程序性工作。律师事务所一般提供的是法律咨询、侵权案件代理等服务。贯标服务机构则是在政府的政策引导下做一些企业内部的知识产权管理系统的建设辅导服务。而且最重要的是，这些机构往往都是被动地接受订单后再提供服务。其服务的对象往往也局限于自己的客户。在创新主体无意识、服务机构无动力的情况下，对企业专利意识的培养责任，最终要落到政府的引导层面上来①。政府可以通过建立高价值专利培育的激励制度，建立公开、公平的评选机制，使得高价值专

① 唐恒. 培育高价值专利 提升创新质量［N］. 中国知识产权报，2017-07-07.

利能够脱颖而出，并在行业领域形成示范效应；还可以通过税收、奖励、项目支持等多种方式激励更多的创新主体参与到高价值专利的培育过程中。

2. 助力专利申请及代理水平提升，促进专利高质量布局

培育一批较高水平的以专利代理、专利信息分析利用、专利评估、专利运营为核心的专利市场服务机构是培育高价值专利的重要组成部分。通过专利挖掘与布局培训、专利代理实务培训、专利审查与专利代理业务交流等，增强创新主体研发人员及知识产权管理人员专利申请与布局意识，提升其从创新成果中提炼具有专利申请和保护价值的技术创新点和技术方案的能力，帮助专利代理师提升个人业务水平，助力造就高水平专利代理师队伍，促进创新成果高质量转化，形成高价值核心专利。通过开展专利申请与代理质量评价、探索区域高价值专利评价体系，引导专利代理机构形成重视申请文本质量意识、强化质量管理，引导专利申请数量与区域经济发展水平、产业发展需求和科技创新能力相匹配，推动更多高水平科技创新成果专利化。

3. 高价值专利培育专项工作融入专利审查工作，深化高效率审查

将高价值核心专利筛选与培育工作同日常审查工作相结合，定位为提高审查能力、拓展审查视野的基础性工作。一是促进筛选工作与业务指导、培训、质量保障等各项审查工作很好地结合起来，借助筛选和培育工作，有效提升审查员的专业技术素养和本领域技术人员的水平；培养一批审查经验丰富、技术积累深厚的业务骨干，为申请人提供优质的审查服务，促进高价值核心专利创造和培育。二是加强资源调配，优化现有机制，集中审查资源，结合集中会晤、远程会晤、巡回审查等多种手段，在确保审查结论正确、授权权利稳定、保护范围清晰和适当的前提下缩短授权周期，贴合创新主体需求，充分发挥审查工作促进科技创新水平提升、促进专利市场价值实现的双向传导作用。

4. 助推专利严保护、大保护、快保护，促进高质量专利价值实现

让严格的知识产权保护推动高价值专利的价值实现。为确保专利能在知识产权实战中真正体现出高价值，需建立、健全处理专利纠纷的实现路径。坚持法治原则，以法律法规为准绳加强常态化的专利保护。进一步提

升专利行政执法的范围和力度，培养和配备更多的专利执法人员，加强执法力量，加大对专利行政执法的公开和宣传，通过执法的震慑作用，打击侵权行为，确立和营造全社会尊重高价值专利的舆论导向和氛围。执法合理有据，司法公正规范。高强度的专利保护离不开保护网络的全覆盖，应当加强对专利保护薄弱环节的维权援助。完善知识产权维权援助工作体系，实现维权援助网络全覆盖。建立知识产权纠纷技术鉴定、专家顾问制度，为知识产权维权提供专业支撑。建立、健全多元化知识产权纠纷解决机制，鼓励维权援助机构开展纠纷诉前调解，支持仲裁机构强化知识产权争议仲裁功能，引导行业协会、中介组织等第三方机构参与解决知识产权纠纷。研究制定海外知识产权维权指引，建设涉外企业知识产权数据库，帮助企业规避海外知识产权风险。加强对国际知识产权制度和规则的研究，建立科学决策、快速反应、协同运作的涉外知识产权争端应对机制。

5. 营造高价值专利培育的市场环境，构建良好生态

重点推进高价值专利的交易市场、评估市场、金融市场等的建设与融合，帮助专利与市场对接，从而实现其对经济和产业的促进作用，并真正发挥市场在高价值专利培育过程中的主导作用。大力发展知识产权质押融资、投融资、保险等，强化科技金融与知识产权金融结合，拓宽创新企业融资渠道，探索知识产权证券化。与此同时，一个公平、规范的市场环境是专利代理机构和专利代理师生存和发展的必要条件。为了保证专利代理市场的健康发展，反对不正当竞争，规范行业经营行为，维护行业整体利益和委托人的合法利益，营造专利代理行业公平竞争的市场环境，为委托人提供更加优质、规范和周到的服务，我国政府应当采取有力措施，制止各种不正当竞争行为。政府应该加大规范性文件的研究和制定，并加大执法的力度。对于不正当竞争行为，甚至违法从事代理执业的机构和个人要坚决给予打击，以规范、引导、培育专利代理这个新生的行业。

6. 搭建综合培育平台，提升专利价值链

探索搭建服务政府、产业、企业、服务机构的创新成果知识产权化、知识产权产业化的高价值核心专利综合培育平台机制。以知识产权为统领和核心抓手，有效聚合相关的创新链、产业链、资金链、政策链和人才链，打通专利“创新—布局—保护—运营”各环节中的工作流、业务流与

服务流，提升价值链。在综合培育平台机制下，建立围绕产业布局的技术创新规划与能力培育工作，系统梳理提炼各技术领域创新规律与谋划，优化产业联盟的建设和发展，促进高价值核心专利池的构建，形成优势互补利益共享的产业协调发展格局；建立完善产业专利导航机制，绘制相关产业的发展路径图，制定专利布局策略；构建区域知识产权监测评价机制，优化相关政策部署，完善专利价值评估服务，促进专利的实施、交易、许可、投融资、出资、分级分类管理的科学性、合理性；完善知识产权转化运营机制和维权预警机制，支持知识产权交易平台开展知识产权交易、知识产权金融与知识产权运营，以优质的交易运营服务促进和支撑创新主体转化运用好高价值核心专利，促进知识产权价值发挥；建立知识产权文化传播与普法平台，营造更好的知识产权营商环境与社会氛围；将技术创新人才、专利服务人才、专利审查人才、知识产权管理人才（含执法、司法及企业知识产权工作者）等有效、有机对接起来，构建互动机制与协作平台，形成协同流畅的智慧流与人才链。